雙面老闆經

從管理自己到掌控企業的修練技巧

掌管自己，掌管他人，掌管未來！
成功之路不再模糊，企業家不可不知的十個關鍵點

何東征 著

◎打破固有思維，找到通往卓越的祕訣！
◎放眼市場，帶領企業走向未來的實用指南！
◎事業不再只靠直覺，讓你更具前瞻性與精準度！

十個章節，全面提升你的企業管理與領導能力
每一章都是一本管理經典，每一個測試都是一次自我覺察

目錄

前言

第一章　管好自己

「董姐」的商業哲學……………………………010

好老闆的自我管理………………………………016

老闆就是要經得住誘惑…………………………022

掌控住情緒，才可掌控住企業…………………027

人情味和親和力很重要…………………………032

擁有事業心的老闆能成大氣候…………………037

老闆的自我管理情商測試………………………040

第二章　練好眼光

「憑感覺做決定」的悲劇………………………044

選擇恰當的合作者………………………………049

有眼光，才能遇到諸葛亮………………………053

不憑感覺做決定…………………………………058

推斷風險，及早規避……………………………062

老闆的好眼光測試………………………………064

目錄

第三章　找準市場

堅持辣椒醬專業優勢的「老乾媽」 …………… 068

人無我有，人有我精 …………… 076

利用好「船小好掉頭」的優勢 …………… 080

選擇合作方，形成優勢互補 …………… 082

與大企業綑綁，打造聯合優勢 …………… 086

老闆的商業頭腦測試 …………… 089

第四章　組建團隊

「獨裁」是如何倒下的 …………… 092

用最合適的人，而不是最優秀的人 …………… 097

讓每個人各得其所，培養團隊精神 …………… 099

「獨裁」是扼殺團隊的毒藥 …………… 104

家族團隊很可能是一盤散沙 …………… 108

老闆的團隊戰鬥力測試 …………… 112

第五章　定好制度

總吃回扣的員工 …………… 116

「頭痛醫頭，腳痛醫腳」是管理之大忌 …………… 120

建立好企業內部組織架構 …………… 125

　　　　　企業需要完善制度，老闆需要更新想法……… 128

　　　　　老闆的制度意識測試……………………………… 131

第六章　盯住執行

　　　　　李老闆的「執行經」………………………………… 134

　　　　　有計畫、有目的，執行才到位…………………… 139

　　　　　執行中回饋，回饋中執行，互動才能雙贏…… 143

　　　　　細節展現執行力……………………………………… 147

　　　　　老闆的執行管控測試……………………………… 151

第七章　勇於授權

　　　　　「老闆」是如何變成「大老闆」的 ……………… 156

　　　　　事必躬親只能當「小老闆」……………………… 161

　　　　　名存實亡的授權會加劇「內耗」………………… 167

　　　　　授權與收權是翹翹板，要保持其平衡………… 172

　　　　　老闆的授權技巧測試……………………………… 175

第八章　善於溝通

　　　　　企業「政治」產生的負效應……………………… 182

　　　　　溝通是老闆的基本功……………………………… 187

目錄

充當溝通的橋梁，連線「孤島」………………… 192

建立暢達的溝通機制，打破單向溝通困局 …… 195

負面情緒也有積極面 ………………………… 199

老闆的溝通能力測試 ………………………… 203

第九章　鼓勵創新

我們不知道的 Google 祕密 ………………… 208

老闆本就「不走尋常路」……………………… 212

「獨斷專行」只會製造一潭死水 ……………… 215

老闆的創新意識測試 ………………………… 218

第十章　創造文化

製造夢想的老闆 ……………………………… 222

老闆要學會創造企業文化 …………………… 226

順應人性的企業文化最有價值 ……………… 229

關懷要恰到好處，不可變成放縱 …………… 232

老闆的企業文化測試 ………………………… 236

前言

　　當今時代是造就老闆的時代，不管什麼行業，自己開公司當老闆的機會越來越多。可是老闆很多，能成功的有多少？每年有無數家新的企業誕生，同時也有無數家企業倒閉，中小企業的平均壽命都極為短暫，這是為什麼呢？原因就是老闆們並沒有學會真正地掌握企業。對中小企業老闆來說，創辦一家企業是相對容易的，但是管好一家企業卻比較困難。很多老闆在創業初期採用獨裁管理、家族式管理等方式發展企業，但是企業發展壯大後，這些原來的優勢卻變成了束縛企業發展的桎梏，而老闆們又不知道怎麼辦，所以在錯的路上，老闆們越走越遠，直至企業倒閉。

　　身為老闆，首先要知道怎麼當這個老闆，到底該怎麼做。本書認為，老闆需要做好十件事，這十件事做好了，企業發展就順風順水。這十件事包括：管好自己、練好眼光、找準市場、組建團隊、定好制度、盯住執行、勇於授權、善於溝通、鼓勵創新、創造文化。本書會仔細分析這十件事，拿案例說事，以老闆的故事為基礎，深入淺出地把每件事所含的道理和方法講清楚，讓老闆們跟著故事走，邊閱讀邊產生自己的看法，這樣才能真正有所體會。

前言

　　沒有誰是天生的好老闆，好老闆是練出來的。老闆們要在實踐中磨練自己，不斷修練自己的內功，不論是眼光、自身能力，還是策略頭腦、創新意識等，都要逐個修練。除了練好內功，老闆還要在企業的制度、員工的執行力、企業的文化等方面做功課，讓企業管理向現代企業管理模式靠攏。企業靠「人治」的時代已經一去不復返了，唯有健全的制度和機制才能保證企業的良好執行。

　　本書的創作初衷正是為滿足老闆們的需求，用最直白的話語觸動老闆們的管理痛處，以直白的方式為老闆們呈現各種成功或者失敗的案例，並在案例中給老闆們最實用的方法。有趣的是，本書在每章最後還為老闆們專門設計了各種測試，比如情商測試、好眼光測試、商業頭腦測試等，這些測試能幫助老闆認識自我、總結自我。

　　無論多麼成功的領導者，皆是從合格的管理者成長而來的。老闆們渴望快速成長，渴望早日成功，那麼就需要放下身段，悉心學習管理知識，修練自我素養。只有具備了現代企業管理素養，並掌握諸多的管理方法及策略，老闆們才會搖身變作卓越的領導者，帶領自己的企業更好地走向未來。希望本書能在這方面對老闆們有所幫助。

第一章
管好自己

　　從一個賣花女孩變身為有名的花卉大王，董姐的故事已經被人們傳頌了千百遍。然而無論故事多麼感人，它始終只是一個故事，只有董姐的為人、董姐的形象徹底烙印在了人們心中。這位時代女性，被所有人稱為「董姐」。她獨特的人格魅力造就了一個不凡的傳奇。

第一章　管好自己

「董姐」的商業哲學

　　董姐從一個「賣花女孩」搖身變成今天的花卉大王，僅僅用了不到六年的時間。董姐的故事說起來讓每一個人都感動，董姐這個人更讓大家由衷地敬佩。

　　「董姐就像一個鐵人一樣，我們從來沒見到她怕過、累過、服輸過！」

　　這是董姐公司裡多年的老員工給出的一致評價。的確，董姐硬是憑藉著這種剛強的性格，從當年一個花店送花員成長為數家連鎖花店董事長的。董姐和丈夫剛從偏遠山村來到城市裡時，由於教育程度低，董姐根本找不到什麼合適的工作，只能依靠單純出賣勞動力換取微薄的薪水。

　　就這樣，董姐成為一名小花店的送花員。當時的董姐剛到城市裡，對城市地理位置根本毫無了解，這對於一個要求速度的送花員來講是致命的弱點。剛開始的時候，董姐送花經常迷路，有一次因為送花地點比較偏僻，董姐迷失了方向，雖然幾經波折，終於送到客戶預訂的鮮花了，但是客戶卻打電話投訴了董姐。花店店長王姐十分理解董姐的難處，但是出於無奈還是稍微責備了董姐。而這次簡單的責罵卻被董姐深深銘記了，從此以後董姐每天早上提前一個小時來上班，送花途中隨身攜帶城市詳細地圖，不認路就在地圖上找，地圖上找不到董姐就

「董姐」的商業哲學

找人問。無論風吹雨打，董姐再也沒有延誤過一次送花時間，而且良好的服務態度獲得了客戶的一致好評。

有一次，董姐外出送花途中，天氣突然大變，頃刻間，豆大的雨點飛速落下。看著不斷加大的雨勢，花店店長王姐逐一撥打了致歉電話給當天訂花的客戶，稱因為天氣的突然變化，送花時間可能稍有延誤，所有接到電話的客戶都表示可以體諒，而當王姐打給董姐的送花客戶時，客戶卻說，花已經送到了，而且花的品質非常好，一點沒有因雨水而折損的跡象。王姐十分吃驚，等全身被淋透的董姐回來後，趕緊將她拉到一邊詢問情況，沒想到董姐直接笑了笑，說：「雖然下雨了，但是客戶的需求沒有變，反正我當時也被淋溼了，乾脆就把自己的帽子蓋在花上，『淋著浴』就給客戶送過去了。」

董姐就是依靠著這種剛強的精神很快成為花店送花員的領班，而每一個在董姐手下工作的員工，都會被董姐的特質所感染。

董姐成為主管後，事業心更強了，她不僅嚴格要求自己，而且對團隊的每一個人都嚴格要求。雖然嚴格要求，但是董姐沒有對任何一個人發過一次火，即便是對董姐抱有不滿情緒的新員工，董姐都會細心呵護，精心培養。

小嚴剛來到花店的時候，十分看不慣董姐工作認真的態度，於是每次送花都刻意延遲那麼幾分鐘，客戶為此打來了不

第一章　管好自己

少投訴電話。這種刻意針對董姐的行為，董姐並沒有發火，甚至沒有責備小嚴。第二天，董姐上班後特意分配了較少的工作量給小嚴，而將小嚴應該負責的部分工作轉移到了自己身上。小嚴受到了優待，自然不會再延遲送花時間，只不過董姐則要更加辛苦了。有人實在看不下去，就問董姐：「何必呢？她這樣針對你，你還幫她分擔任務，你這不是自討苦吃嗎？」而董姐只是簡單地回答道：「小嚴還小，剛到我們店一下子吃不了苦，這是可以理解的，何況這孩子很聰明，我們好好培養，以後肯定比我有成就。」

董姐的話傳到小嚴耳朵裡，小嚴私下裡悄悄地找到董姐，說：「姐，對不起，是我太任性了，很感激你對我的原諒和照顧，以後我一定會好好工作的。」董姐還是笑了笑，對小嚴說：「別放在心上，我相信你。」

就這樣，在董姐親情的感染下花店的送花團隊更團結了，工作也更積極了，小店的銷售業績也開始漸漸提升了。

然而，好景不長。過沒幾年，花卉市場競爭不斷加大，花店店長王姐又由於經營不善，花店出現了資金斷鏈的問題，店鋪即將關張。這一突如其來的危機讓董姐等送花員工面臨著失業的危機。

當時花店店長王姐情緒非常沮喪，她不僅不甘心花店就這樣垮掉，更捨不得這些與自己相處了幾年的姐妹。但是資金已

「董姐」的商業哲學

經斷鏈，無法供應貨源，就連董姐等人的薪資也拿不出來。在這種情況下，王姐不得不做出了店鋪轉讓的決定，以求可以緩解當前的經濟危機。

董姐不忍心看王姐如此為難，也不忍心讓花店的姐妹們失業受苦，於是她悄悄找到王姐，對王姐說：「姐，這兩年來你對我一直照顧有加，我也沒什麼可以報答你的，現在我願意拿出自己的全部積蓄給你，能不能緩解這次危機？」

但是經歷了巨大打擊的王姐卻已經心灰意冷，對董姐說道：「我知道你心善，但是經過這次事情以後，我真的感覺自己能力有限。如果你有心，我就把花店轉讓給你，我也不用你一次性拿出全部的轉讓費，只要你把店裡姐妹的薪資還有供貨商的貨款結了就行，剩下的錢你可以慢慢還。我看得出來，你是一個可以做大事的人，你心善，對人好，又有衝勁，花店到了你手裡肯定比以前好。」

王姐的這番話徹底點醒了董姐，董姐認為這個決定不僅可以解除花店姐妹的失業危機，也可以好好發展屬於自己的事業。於是她回家找親戚朋友借來了創業資金，全身心地投入到了花店的發展當中。

董姐接手花店之後，把王姐聘作副店長留在了花店。她一方面向王姐請教多年來的經營經驗，另一方面進行市場調查研究未來發展方向。董姐發現，花店之所以感覺競爭壓力加大的

第一章　管好自己

　　原因,是因為花店經營的產品品種存在問題。近幾年,花卉市場不再是局限於鮮花的商品市場,一些小型絨毛玩具、公仔組成的卡通花束開始風靡起來。雖然這種花束屬於新興產品,但是卻十分受歡迎。董姐雖然不知道這些花束的具體進貨地點,但是她卻知道這些絨毛玩具、小型公仔的大型銷售市場。

　　既然能找到貨源,董姐就從原材料入手。確定了這一想法後,董姐連夜坐車趕往了銷售市場,一次性進購了大量的小型絨毛商品。董姐回來後,未曾休息片刻,馬上統籌店內員工開始製作卡通花束。在董姐眼裡,這些卡通花束就是花店開拓市場的重要力量,早一點進入市場,就可以獲得多一點的市場占有率。

　　果然,董姐推出新商品促進了花店的飛速發展。董姐花店也開始擴充更新,成為當地知名的鮮花供應商。正當董姐花店發展得順風順水時,年底一件讓董姐本人萬分為難的事情發生了。董姐花店緊鄰著一所學校,而校方看中了董姐花店所在的位置,想要在這裡興建一棟多媒體教學樓。然而當時董姐花店的租期剛剛續租,租期為五年,於是校方開始找董姐協商能否轉讓店鋪。

　　這所學校給出了優厚的轉讓條件,僅轉讓金就高達租金的兩倍,而且對於董姐本人,校方還給出了一個極具誘惑力的特殊待遇。這家學校是當地知名的高中,學校同意董姐的女兒國

「董姐」的商業哲學

中畢業後，可以直升高中部。對於缺乏教育的董姐而言，這一條件太具吸引力了，但是如果在這一時期花店轉讓了，那麼一切都要從頭再來。城市裡合適的店鋪本來就十分稀缺，即便是找到店鋪，花店的銷售市場、客戶資源也會受到重大影響。何去何從，成為董姐十分頭痛的問題。

幾天過後，董姐終於做出了決定。無論如何也不能放棄當前的事業，孩子的未來需要靠她自己的能力去獲取，花店絕不轉讓。下定這一決心後，董姐又一次排除了各種干擾，全心全意投入到事業發展當中。

經過董姐對當前商業發展趨勢的細心研究與學習，董姐決定帶領花店開始發展電商模式。董姐率先推出了線上訂花服務系統，並且建立了自己的銷售平臺，這一平臺的建立對於教育程度不高、對電腦絲毫不懂的董姐而言，是依靠無數夜晚的辛勤學習換取的。

平臺建立之後，董姐花店的發展呈現出了突飛猛進之勢。短短一年多的時間，董姐的連鎖花店已經覆蓋了整個城市內各個角落，董姐也成了大家公認的花卉大王。然而，事業做大了，董姐仍然沒有絲毫變化。她還是那個對人可親、對己嚴格的花店大姐。

董姐每天清晨會第一個來到公司，晚上下班後經常與花店的員工一起吃飯娛樂，董姐像酒，也愛喝酒，人們說她在酒桌

第一章　管好自己

上更像一位大姐姐。頻頻與人舉杯，時常暢飲歡笑，而且體貼、細心、全心全意為員工著想、為事業奮鬥，不動搖、不放棄、嚴律己、善他人，這樣的老闆不僅受到員工的愛戴，更是所有商業人士的榜樣。

好老闆的自我管理

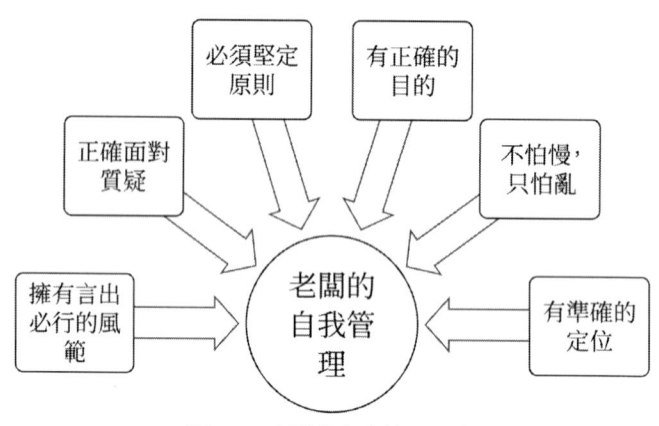

圖 1-1　老闆的自我管理要求

現代管理學之父彼得・杜拉克（Peter Drucker）曾說過：「管理者能否管理好別人，從來沒有被真正驗證過，但管理者完全可以管理好自己」。對於老闆而言，管理就是像董姐一樣嚴於律己、感染他人，透過嚴格的自我要求有效地帶動整個企業。

好老闆的自我管理

一個想成功的老闆，必須做好以下幾方面的自我管理：

1. 擁有言出必行的風範

想要提升團隊成員的執行力，老闆自身就必須具備言出必行的風範。董姐在還是送花員的時候就具備了這種素養。自從被王姐稍微責備之後，董姐就對自己說過，絕對不能再因為任何原因延誤送花的時間。董姐說出口，更做到位了。這就是一個領導者應該具備的基本條件。

想要令團隊成員面對阻礙時不產生抱怨，老闆自身一定要展現出一種說到做到的風範。

就執行力而言，美國哈佛大學有著這樣的詮釋。18世紀中葉，哈佛大學圖書館在一天夜裡突燃大火，數百本重要圖書一夜之間化為灰燼，其中還包含了多本世界僅有的珍藏典範。火災後的第二天，正當全校師生為此感到無比惋惜之時，一位學生歸還了他從圖書館中偷出的一本絕世經典著作，這名學生期待哈佛大學圖書館的經典可以持續。全校師生為這一學生的舉動所感動，哈佛大學校長在全校師生面前嘉獎了這位學生，將他送回的唯一珍藏注為學校最珍貴圖書以表謝意，然後校長當眾開除了這名學生。

哈佛大學校規中明確規定：學生嚴禁將在學校圖書館借閱的珍貴圖書帶出圖書館，違規者開除學籍。雖然這名學生屬於

第一章　管好自己

自主歸還書籍，並且在如此特殊的時刻為哈佛大學挽回了重大的損失，但是校規不可違。哈佛大學校長最後贈予了這位學生一句經典的話：「沒有嚴格管理制度，學校就不能運轉，無論你有多麼大的功勞，都不能替代曾犯的過錯，我必須開除你才不會破壞學校的規矩。」

很多老闆恰恰缺乏這種言出必行的風範，在諸多可變因素下，初衷一變再變，承諾一改再改。這種錯誤的表現導致老闆的管理能力下降，團隊成員對老闆的信任大幅度降低。

2. 正確面對質疑態度，不產生反抗心理

很多老闆不喜歡團隊成員對自己有所質疑，認為團隊成員對自己的質疑是一種侮辱，甚至有些老闆會對這些團隊成員進行刻意的側面攻擊。董姐也經歷了這樣的境遇，小嚴不僅僅質疑自己的領導能力，而且非常明顯地針對自己。而董姐既沒有生氣，也沒有抱怨，而是用自己的寬闊心胸包容了對方，試問有如此胸襟的董姐怎麼會不受到擁護呢？

一個好老闆首先要具備寬闊的心胸，而且要學會在質疑中提升自己。對質疑產生反抗心理的老闆會遭受更多的質疑。而懂得在質疑過程中進行反思的老闆則可以獲得進步，並且從中明白團隊成員對自己的質疑其實是一種幫助，更是對團隊整體的幫助，否則由於自身的負面情緒很有可能阻礙團隊的發展，從而影響老闆的管理能力。

好老闆的自我管理

被哈佛大學校長開除的那位學生最後成為美國著名的管理學作家,他曾說過:「團隊是一個混合團體,管理也是當中的一種相互作用力。領導者不僅僅要管理他人,更要從管理他人的過程中學會管理自己。通常,成功的領導者面對質疑是不需要自我辯解的」。

3. 必須堅定原則

董姐雖然擁有寬闊的胸襟,但是更擁有嚴格的制度。在她剛剛當上送花員的領班之時,就將嚴格的要求貫徹到整個團隊當中。雖然引起了小嚴的不滿情緒,但是董姐絲毫沒有降低要求,寧可自己辛苦一些幫助小嚴送花,也未曾破壞規矩。

「無規矩不成方圓,無原則不做老闆。」這句管理界流傳的俗語具有深刻的意義。很多老闆在這一點上缺乏嚴格的自我管理。甚至有些老闆為了團隊發展,為了謀求利益而不擇手段,急功近利。這種行為最終導致老闆自掘墳墓,團隊徹底滅亡。

原因非常簡單,沒有原則的老闆在團隊成員眼中缺乏安全感,而一個缺乏安全感的團隊則十分容易動搖,從而容易被競爭對手輕鬆打垮。老闆如果沒有原則,在客戶眼中會缺乏誠信,在員工眼中會缺乏尊重,在行業當中也會缺乏價值,因此作為老闆,無論我們多麼迫切地渴望發展、進步,都必須為自己劃出明確的底線,堅持原則才是堅持發展。

4. 管理必須有正確的目的

　　老闆管理員工、管理團隊不是任務更不是義務，而是一種目的，這種目的正是為了企業的良好發展。

　　正如董姐帶領花店發展，她的每一個措施都是從團隊的利益出發，甚至為了團隊利益最大化，寧可委屈了自己，這也是一個老闆難能可貴的品格。

　　因此，老闆絕對不能為了表現自己而突出管理，也不可以為了管理進行硬性管理，更不能把管理當作任務每天強制管理。換而言之，管理的唯一目的就是企業、團隊的良好發展，偏離這兩個方向的管理完全是多餘的，甚至是有害的。

　　在這一觀點上，老闆需要隨時警覺，時常提醒自己，如何將自己的管理轉化為團隊發展動力，如何將自己的管理轉變為企業實際利益，這才是管理的正確方向，也是管理的最佳表現。

5. 不怕慢，只怕亂

　　很多老闆會在工作和生活中產生這樣的感覺，企業工作繁重，生活瑣事繁多，從而導致老闆在管理過程中出現各種混亂的局面。針對這種情況，我們可以藉助一句經典的英語格言來警誡自己——Do one thing at a time, and do well.（一次只做一件事，做到最好！）

好老闆的自我管理

　　很多國際知名的領導者都十分推崇這句格言，包括管理大師彼得・杜拉克。彼得・杜拉克曾這樣說過：「管理者無法管理好一百件事並不是錯誤，但是管理者連一件事都管理不好則是最大的錯誤。」

　　雖然董姐不懂英語，但是董姐明白做對、做好每一件事就是自己的職責。無論是風雨中送花，還是隻身連夜前往外地進貨，董姐的每一步都走得十分穩健，穩中求勝對於老闆而言是致勝之道。

　　老闆就應該有這樣的自我覺悟，無論面對什麼樣的問題，出現什麼樣的狀況，切記不可慌亂，更不可煩躁。事要一件一件解決，管理也要保持條理，只有不被外力和壓力影響的老闆，才是成功的領導者。

6. 不可追求盲目，要對自己有一個準確的定位

　　從小花店到今日的連鎖集團，董姐隨時保持著自知之明，在多高的位置，就做多大的事情，這才是董姐帶領花店發展的平安保障。

　　企業需要創新，老闆需要進步。然而無論是創新還是進步都必須遵循一定的規律，切不可盲目地追求。

　　老闆只有對自己進行了準確的定位，才能夠明確進步的路線和節奏。如果我們一味模仿一些成功企業的發展套路，這並

第一章　管好自己

不會為企業、團隊帶來良好的發展效果,反而會令員工覺得老闆過於浮躁,只懂得走形式主義的方式,從而影響我們的管理效果,降低了領導能力。

老闆就是要經得住誘惑

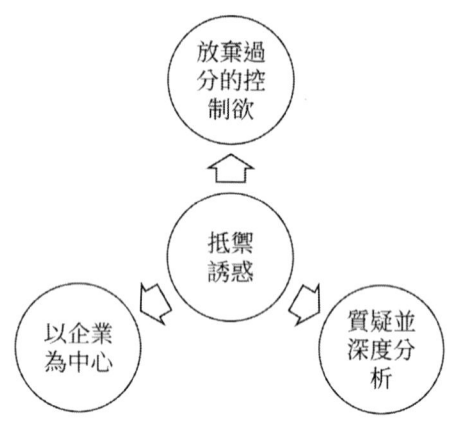

圖 1-2　老闆抵禦誘惑的三大保護層

如果說有什麼事能夠讓董姐的事業心動搖的話,那麼只有孩子的幸福了。吃過苦、受過累的董姐充分體會到了人生的艱辛,她奮鬥的最大動力正是女兒的幸福。這是一種動力,但這同時也是一個弱點。曾想讓董姐轉讓花店的校長正是針對這一弱點,向董姐提出了一個極具誘惑力的條件。董姐雖然抵禦

老闆就是要經得住誘惑

住了這一誘惑,但是在這過程中也曾無數次動搖,只不過最後理智戰勝了衝動,最終決定以花店為中心,以事業為根本,用自己的努力來換取女兒的幸福,這也是董姐得以成功的經商訣竅。

成為魅力型領導者不僅僅要不斷自我進步,還要經歷諸多挑戰。每個老闆都具備戰勝艱難險阻的決心,然而能否經受住誘惑則是關鍵。有人曾說老闆帶領企業獲取成功是一條危險之路,很多老闆在這條路上身敗名裂、懊悔終生。

大多數老闆都經歷過失敗,失敗之後我們首要的任務則是尋找失敗的原因。但是其中一些老闆只懂得總結客觀因素的問題,如市場策略出現偏差、行銷手段過於落後、市場競爭過於激烈等,而沒有想過另外一個原因,這就是老闆們未曾抵禦住某種誘惑。

老闆屈服於誘惑必定會導致企業發展出現整體變化,甚至一些誘惑可以徹底損毀老闆的領導能力,如果我們無法察覺這些誘惑對企業、團隊帶來的傷害,甚至不願意提及關於誘惑的問題,那麼我們的企業則會處於危機當中。

其實,老闆面對的誘惑並不可怕,只要我們覺察到這些誘惑來臨的時機,並發現誘惑對我們進行攻擊的關鍵點,就可以及時豎起保護罩,確保自身、企業不會在誘惑面前經受任何衝擊與損失。

第一章 管好自己

☞ 老闆抵禦誘惑保護層一：以團隊、企業為中心

對於在市場中打拚奮戰的老闆而言，要時刻明白一個道理：我們今日獲得的成功絕對不是依賴於個人，而是整個企業、整支團隊的。在企業發展的過程中，如果老闆完全是以個人為中心，而將團隊、企業放在了第二位，則等於我們主動脫掉了企業為我們打造的保護層，將自身暴露在危機當中。

試想如果當初董姐答應了校長的要求，轉讓掉花店，那麼即便她可以再找到合適的店鋪，也不會再有今日的成就了。因為她失掉了人心，她讓花店的姐妹感覺到她自己的利益才是最重要的，而花店只不過是她獲利的一個工具罷了。

很多老闆恰恰是因為這一原因遭受失敗的。當我們做出一些成績時，自然會受到相應的讚揚。這些讚揚與崇拜來自企業內外，然而大多數讚美卻是隻針對老闆個人的，如「領導有方」、「具有敏銳的直覺」等。如果老闆這時以自我為中心思考問題，就很容易走上偏執的道路。例如，由於自信心過度膨脹而確定錯誤的發展方向，或者未經過詳細的分析、充分的思考決定大資金的投入。這些都是老闆未抵禦住誘惑的表現。

我們在事業中收獲的回報是經過團隊整體的努力獲得的，而絕非老闆一人取得的。企業越大，我們的警惕性應該越高，老闆要時刻以企業、團隊為中心，從整體的角度思考問題，這樣可以幫助老闆規避諸多錯誤的決策，確保企業安全穩定發展。

老闆就是要經得住誘惑

☞ 老闆抵禦誘惑保護層二：保持質疑，進行深度分析

對於一些老闆而言，企業運作走上正軌，老闆就會產生一種放鬆感與懶惰感，也恰恰是這時候老闆最容易被一些誘惑所控制。最突出的表現是有些老闆不再喜歡進行調查而喜歡聽報告，不再喜歡思考而喜歡忽略，甚至有些老闆不再喜歡用心管理而選擇使用簡單的命令將工作推脫給自己的下屬。這種種現象恰恰是老闆已經被誘惑控制、被惰性腐蝕的表現。

我們都看到了董姐是如何經營花店的，董姐長期保持著深度分析市場的習慣，從市場競爭壓力加大分析出花店的經營品種存在問題，從卡通花束的發展形勢分析出花店走電商路線可以獲得更大的成功，這些對市場的質疑以及深度分析，才是一個領導者應該完成的本職工作。

老闆都希望自己永遠做正確決定，因此絕對不能被以往的成功所麻痺，更不能被持續利益所誘惑，從而喪失了老闆應有的敏銳直覺和縝密的思維。

因此，在平穩的發展時期對市場、對企業當前運作情況保持質疑態度，並進行深度分析是老闆必備的能力。

☞ 老闆抵禦誘惑保護層三：放棄過分的控制欲

隨著企業不斷的發展，實力的不斷增強，老闆們隨著企業增強的不僅僅是個人能力，同時對企業的控制欲望也越來越強

第一章　管好自己

烈。適當的控制欲可以幫助老闆更全面地掌控企業，而過分的控制欲則會傷害到企業本身。

相信很多老闆都會有這樣的感覺，隨著企業的發展，自身壓力不斷加大。企業發展越好，老闆身體越疲憊，這正是一種過分控制欲的表現。

這時我們應該看看成功後的董姐，大家都說董姐生意做大了，但是人卻更低調了。她更像所有人的大姐，在工作上鼓勵大家，在生活中幫助大家。董姐雖然勤奮，但是從來不過分約束員工，她待人如姐妹，對員工充分信任，自然也收獲了大家的忠誠，董姐的花店可以獲得今天的成就，並且不斷發展壯大，並不是因為她控制得到位，而是因為她引導得巧妙。

老闆不懂得適當放手是一種對自身、對企業的傷害。企業本身對老闆而言就是一種強大的誘惑，企業越大誘惑則越強，老闆渴望自己在企業中保持威嚴的形象，然而過分的束縛則會讓員工失去安全感。有些老闆喜歡對企業中的每一個員工進行說教，這不僅會令員工感到反感，而且會讓這些員工的主管感覺到不安，從而導致企業中長期瀰漫一種危機感，直接影響到企業的正常發展。

老闆就應該在市場打拚中保持穩健的身姿，艱難險阻的衝擊無法令我們動搖，誘惑的香氣更不能讓我們傾身。在如此殘酷的市場競爭中，老闆一定要學會豎起自己的三層保護層，時

刻提高自己的警惕性,展現出老闆應有的人格魅力,帶領企業穩步向上發展。

掌控住情緒,才可掌控住企業

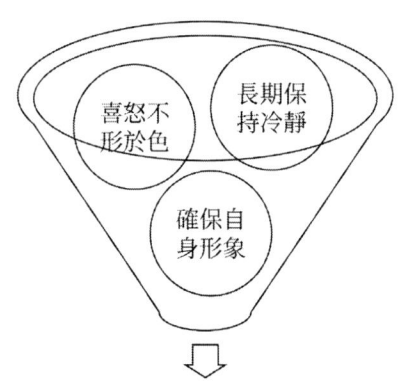

老闆提升情緒控制能力
圖 1-3　老闆提升情緒控制能力的方法

對於一個成熟的老闆而言,掌控好企業運作非常輕鬆,然而掌控好自己的情緒卻感覺十分困難。相信很多老闆都有過如同董姐一樣的經歷。我們勤勤懇懇地付出,只求為大家爭取更高的待遇,但是總有人會不理解我們,甚至是針對我們。面對這種情況,大多數老闆是否第一反應就是「炒他魷魚」,或發怒發飆呢?

第一章　管好自己

想來董姐受到小嚴的刻薄對待時也會生氣，但是她第一時間控制住了自己的情緒，並且保持了冷靜的態度，未將情緒表現出來，最後董姐用自己領導者應有的作為維持住了自己的領導形象，這就是老闆掌控企業的一個奧祕。

老闆是一個全身繫於企業的身分，相信很多老闆都感覺有著太多的身不由己，尤其是不能隨便表現自己的情緒，不能隨心所欲地發洩自己的情緒。因為老闆的情緒影響著整個企業的氣氛，如果老闆不能控制好自己的情緒，受到直接影響的必定是自己的企業。

美國石油大王約翰・洛克斐勒（John Rockefeller）曾經歷過這樣一件事。有一天早上，公司開完晨會後，洛克斐勒剛剛坐到自己的辦公桌前，一位不速之客就衝進了自己的辦公室。這位表情凶狠的人，站到洛克斐勒面前用拳頭猛敲著桌子對洛克斐勒大吼：「洛克斐勒，你這個混蛋，是你讓我走到了今天的地步，我恨你！」

洛克斐勒感覺莫名其妙，被一個毫不相干的人無理大罵感覺十分氣憤，正當他想要起身回擊的時候，洛克斐勒看到自己的辦公室玻璃門前已經擠滿了員工。這時洛克斐勒反而冷靜了下來，靠在椅子上看著這個無理取鬧的傢伙繼續大罵自己，甚至示意公司的保全人員不要阻攔這個無賴。

十分鐘過後，不速之客平息了下來。面對洛克斐勒的沉默

反擊他反而不知如何是好了，最終這個無賴詛咒並威脅了洛克斐勒幾句後轉身離開了辦公室，而洛克斐勒則好像什麼事都沒有發生一樣繼續工作。

員工們莫名其妙地回到了自己的職位，大家很快把這件事遺忘了，因為所有人都認為闖進洛克斐勒辦公室的人是一個瘋子，而洛克斐勒對待瘋子時則表現出了紳士的風度。

很多老闆恰恰是欠缺了這種「風度」。當遭遇一些不公正的對待、一些報復性的言語時，無法掌控好自己的情緒，失去冷靜的同時恰恰是失去了對整個局面的掌控權。

情緒管理是每個老闆都應該具備的技能。調控自己的情緒，以寬容樂觀的態度緩解緊張的心理，才是成熟老闆的情緒控制表現。身為一個企業的領導者，要具備一種忍耐的能力與精神，第一時間懂得忍耐可以更清晰地看清楚當前的局勢，可以更牢固地抓住勢態的控制權。老闆提升自己的情緒控制能力，可以從以下幾方面入手：

1. 盡量保持長期的冷靜態度

老闆就要有超人的忍耐力，尤其是面對各種壓力時，必須在員工面前保持堅強、冷靜的形象，才能夠帶領企業頑強地發展。

有些老闆喜歡和一些關係好的員工抱怨壓力大、雜事多，

第一章　管好自己

管理企業實在太累。短暫的情緒發洩可以減輕心理壓力，然而經常性的抱怨則會影響老闆的心態，長期附帶一種負面情緒促使老闆極易失控，主要表現為小題大做、洩私憤、判斷能力下降等等。這些表現使得老闆在員工面前威信盡失，而且喪失團隊帶動能力，甚至會遭到員工的背叛。

而長期保持冷靜態度的老闆則懂得把握時機，張弛有度。可以說冷靜是掌控老闆情緒的基礎能力，保持長期的冷靜態度可以減少老闆的不良情緒發洩，降低老闆的錯誤決斷。

2. 喜怒不形於色

對於老闆而言，喜怒不形於色有助於我們管理團隊，領導企業發展。然而有些老闆則認為在團隊內部多表現喜悅的情緒才是最好的管理方式。對員工和善必定有助於我們管理，但是有些時候我們的情緒也會被他人所利用。

某公司曾經歷過一段谷底時期，在那段時期內，公司內部腐敗問題滋生，企業運作受阻，整體發展嚴重減緩。曾經有記者採訪公司員工時問道：「為何公司內部會出現諸多不合理的事項呢？難道公司的管理者對此不聞不問嗎？」其中一位公司員工回答道：「最初的時候公司內管理還是十分嚴格的，很多單據和檔案必須經過明確的考核才會簽訂。後來大家發現有時候一些錯誤、有問題的單據、檔案在上級心情好的時候也會通

掌控住情緒，才可掌控住企業

過，於是很多人開始有預謀地進行檔案的簽訂，把一些存在問題的檔案和其他檔案混合在一起，特意找上級心情好時批閱，隨後公司的問題便開始不斷增多了。」

從這位員工的爆料中我們可以感覺到，作為企業的領導者，我們的每一個情緒都會在企業內部產生反應。老闆的工作是掌控企業，正是因為老闆擁有對企業的透澈分析，然而，當企業內部人員將老闆分析透澈之後，也可以對老闆進行一定程度的掌控。

因此，對於成熟的老闆而言，我們一定要學會喜怒不形於色，保持一定的神祕感，從而確保自己在掌控企業的同時不被他人掌控。

3. 確保自己領導者的形象

老闆在領導企業發展的過程中一定要學會保持自己的形象，尤其是在情緒表達方面，一定要掌握好表達的程度。有些老闆喜歡大幅度表達自己的情緒，讚揚員工時親如兄弟，批評員工時猶如仇人，這種情緒表達已經令自己失去了領導者的形象。

如果我們在員工面前不懂得掌控自己的情緒表達程度，則會喪失領導者的威嚴，同時喪失對企業的掌控能力。我們對員工的批評指導，員工會視作小題大做，而我們對員工的嘉獎表

第一章　管好自己

揚，員工則會認為理所應當（誰讓我們與員工關係這麼好呢）。

因此，領導者保持形象的同時也可以掌控情緒，老闆們雖然要對員工親和，但是我們畢竟與員工的身分有別，無論表現哪種情緒都應該與自己的身分相符。喜怒要張弛有度，相處要平易近人，只有我們確保了自己的形象與身分，自己的追隨者才會對我們尊敬，才會誠心地跟隨。

人情味和親和力很重要

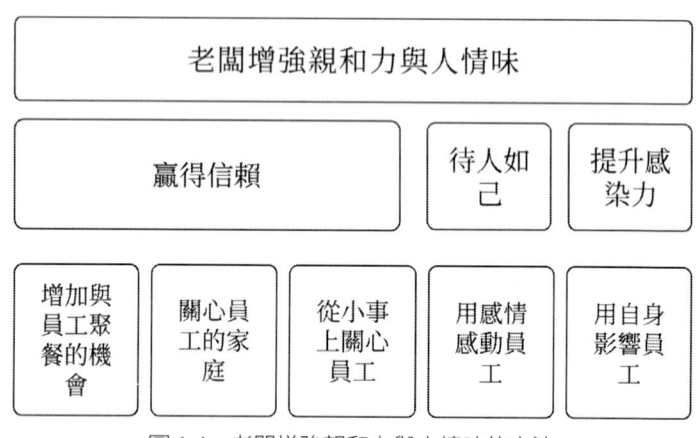

圖 1-4　老闆增強親和力與人情味的方法

提起董姐的為人，員工們都會說平易近人。董姐的親和力和人情味是她最大的人格特點。很多老闆都曾向董姐求教，詢

人情味和親和力很重要

問董姐把企業打造得如同家一般的訣竅,董姐的回答都是:「因為我們就是一家人啊。」

老闆是企業的靈魂,老闆的成功離不開員工的擁護,讓員工像擁護家人一樣來擁護自己,是決定老闆能否成功的關鍵。

然而,很多老闆總會抱怨企業難以管理,自己與員工之間缺乏一種信賴。這時我們不妨來想一想董姐的生意經,董姐是先學會做企業人,再去學做生意人。學會了做企業人,老闆才能夠團結員工,才能夠穩固團隊,而學習做好企業人就需要我們如同董姐一般增強自己的人情味和親和力。

親和力即老闆博大的心胸,勇於著力培養下屬,凝聚力量。人情味則是一種情感經營,與員工交流時營造一種平等、親近的氛圍。有親和力與人情味的老闆更受員工青睞,團隊更團結,企業更具凝聚力。然而,老闆培養出親和力與人情味絕非一朝一夕的事,我們需要從多個方面進行改變與提升,從而逐漸完善自我。

第一,贏得信賴。

俗話說:「樹怕傷根,人怕傷心。」其實,很多時候並非我們缺乏親和力、沒有人情味,而是我們的交流方式存在一定的問題,又因為我們與員工的身分處於上下級關係,導致無意間在員工眼中留下了不近人情、過於苛刻的印象。董姐花店經營了近六年,有人見過董姐著急,有人見過董姐發火,但是從

第一章 管好自己

來沒有人見過董姐罵人。可以說董姐讓大家操過心,但是從來沒讓任何人傷過心。

贏得員工信賴的第一步是審視自己的交流方式。在與員工交流的過程中增加一些肯定、讚揚的話語,增加一些微笑的表情,這些等於為員工增添了精神食糧,拉近了彼此的距離。

其次,老闆還需要學會關心員工的生活,不再局限於只關心員工的工作。增加自己與員工的情感交流,是一種不可忽略的感情投資,當老闆與員工之間產生了頻繁的情感交流、生活交集,而不再局限於工作分配、利益獲取時,老闆與員工之間就擁有了基礎的信任,並且建立了良好的溝通管道。

另外,老闆還可以從以下幾方面增強與員工的情感交流,樹立自己平易近人、有情有義的形象。

(1) 增加與員工聚餐的機會。飯局即話局,很多時候老闆在工作時間中無法解決的問題,卻可以在飯桌上透過與員工的溝通得到解決。因為當我們與員工坐在平等位置上時,更容易了解員工的真實想法,而我們也可以從員工的角度出發,來思考更多的問題。

這裡有一點需要所有老闆們引起注意。當員工邀請我們一起聚餐卻無法前往時,一定要清楚說明理由,萬不可用一些冠冕堂皇的話語推辭,否則會在對方眼中留下「擺架子」的印象,從而令員工遠離自己。

人情味和親和力很重要

(2) 關心員工的家庭情況。很多老闆可以做到關心員工，卻無法將這種關心繼續延伸。家庭才是員工生活的中心，是員工安心工作、努力打拚的動力，老闆對員工家庭的關心，則等於在為團隊、為企業增添基礎動力。

我們可以看到很多大型企業對員工家庭無微不至的關懷。例如設立明確的員工家屬關懷體系，每年節假日為員工家屬發放福利，等等。這些行為既展現了企業對員工的關懷，更展現了老闆自身的風度。

(3) 學會從小事上關心員工。作為領導者，老闆不能只懂得送去事後的關懷，很多時候在員工遇到困難之時給予的幫助遠比事後的關心更有效果。細節決定成敗不僅僅展現在市場競爭之中，同樣也展現在員工關懷之上，老闆要學會細心，透過一些細節、小事上發現員工的問題，從而令員工感受到老闆的關懷是無微不至的。

第二，待人如己。

展現老闆親和力與人情味的第二步則是待人如己，這一步也是最關鍵的一步。在這一點上董姐做得相當到位，董姐對人經常換位思考，即便是牴觸著急的人，董姐都會設身處地地為對方著想。

作為企業的管理者我們就應該如此。思考問題不僅僅要從自身出發，更要考慮到企業整體、員工自身。嘗試多從員工的

第一章　管好自己

角度思考問題可以贏得更多的支持與感恩。

老闆最容易犯的失誤正是對員工自以為是的關心。有時候我們給予的員工福利，不僅未收到員工的稱讚反而換來了諸多抱怨。這種情況大多是由於老闆自以為是的關心引起的。聰明的老闆應該去了解員工需要什麼，而不是我們想給予什麼。

員工很少在工作時間內對老闆表達真實的情感，有些時候我們很難從員工的態度上了解到他們真正需要的東西。這時，老闆則需要進行換位思考，從而了解到員工的真實想法和隱藏需求。

第三，提升自身的感染力。

老闆不僅僅要懂得如何指導員工、督促員工，更應該學會如何感染員工。日本管理學大師稻盛和夫曾說過，一個成功的領導者永遠都是站在團隊最前面，帶動團隊、感染團隊的。只有失敗的領導者才會站在隊伍最後鞭策團隊、督促團隊。

正如我們所說過的，董姐領導花店發展多年來，對自己的管理遠遠大於對他人的管理，她正是依靠著自身的感染力帶動著整個企業的發展。

老闆一定要懂得帶動的力量是遠遠大於推動的。而帶動團隊最好的方法則是利用自身的感染力來影響團隊，改變團隊。這恰恰也是拉近自身與團隊距離、深度了解團隊的一種方式。

很多時候員工設定的自我要求往往是參照老闆的，如果老

闆整日遊手好閒，員工則也會投機取巧，而如果老闆可以以身作則、事事爭先，那麼員工也會以老闆為榜樣努力工作。這無形中在老闆與員工之間營造了一種和諧的氛圍。

老闆的熱忱直接影響到員工的態度，一個缺乏工作熱情的老闆是無法感染員工、融入團隊的。日本軟銀集團掌門人孫正義曾說過，一個缺乏感染力的領導者是無法獲得成功的，因為他已經脫離了自己的團隊。

老闆不僅是企業的領袖，更是企業的核心動力，只有我們把自己徹底融入企業當中，這一動力才會發揮最大作用，企業才可以不斷發展。

擁有事業心的老闆能成大氣候

老闆事業心的體現

| 不滿足於現狀 | 擁有敏銳的洞察力 | 有準確的判斷力 | 擁有良好的口才 | 勇於突破 |

圖1-5　老闆事業心的表現

第一章　管好自己

拿破崙曾說過：「不想做將軍的士兵不是好士兵」，同樣「不想做大老闆的老闆，不是好老闆」，那麼何為「大」呢？大老闆是不斷追求卓越、不斷自我提升的老闆。這恰恰也是老闆事業心的表現。

在花店還是一個小商舖時，董姐就已經表現出了事業心，董姐的每一次付出都是為了一個目的，那就是把花店做強做大。事業心主要展現在以下五個方面：

1. 有事業心的老闆不滿足於現狀，並渴望改變現狀

很多老闆都曾有遠大的抱負，然而其中很多人的豪情壯志被利益悄悄磨滅，事業心逐漸減退，利益的獲取讓我們感覺到了滿足，從而背棄了創業時的初衷。這樣的老闆是無法產生個人魅力的，如果我們的夢想還抵不過員工的「野心」，那麼我們依靠什麼去感染他人，去改變他人？

所以，只有我們堅持不被利益軟化，不對現狀感覺滿足，並不斷尋求超越，我們才能堅守並壯大自己的事業。

2. 有事業心的老闆擁有敏銳的洞察力

有人說老闆事業心的主要表現是老闆是否具備敏銳的洞察力，這種觀點不無道理。一個有事業心的老闆可以隨時隨地發現商機，並且第一時間把握住商機。老闆的這一表現在員工、團隊眼中正是一種個人魅力，更是事業心的表現。

3. 有事業心的老闆擁有準確的判斷力

很多老闆擁有一雙發現商機的眼睛，卻缺乏一雙抓住商機的手。這也是為何很多企業無法做大做強的原因。

老闆可以發現商機卻不能抓住商機也是一種缺乏事業心的表現。一位成功的老闆要懂得發現商機是對商業活動的初步分析，而抓住商機需要老闆們的深度思考和準確的判斷。及時對商業活動本質進行深度思考，並判斷商機是否可以短時間、直接轉化為利益，是每一個老闆應該具備的能力，也是促進老闆事業走向成功的基礎條件。

4. 有事業心的老闆擁有良好的口才

老闆要把自己的事業作為表達對象，讓自己的事業心透過自己的表達觸動他人，使對方引發思考，並感染對方追隨自己。

近年來，越來越多的成功人士開始進行各種演講。這些成功人士將自己對事業的見解與分析展現給他人，我們可以從中感受到他們對自己事業的熱衷程度，並無形中受其感染，成為他們的追隨者。

這恰恰是所有老闆應該具備的一種能力，老闆想要成功，就一定要提升自己的團隊，利用自己的口才為團隊增加強勁的動力。

5. 有事業心的老闆勇於突破

任何一位有事業心的領導者都擁有自己獨特的經營理念，更重要的是這一理念要勇於突破當前的行業現狀和行業規則。

尤其在當前飛速發展的市場當中，商業模式換代頻繁，如果我們一味地遵循則永遠無法獲得最後的成功。老闆是否具有遠大的理想，是否可以把事業做大做強，取決於老闆是否敢突破行業現狀，是否勇於顛覆行業規則。

一位有事業心的老闆不會僅思考如何在行業中獲取更多的利潤，而且會思考如何用自己的事業搶占其他行業的市場。有事業心的老闆就應該利用自己的商業思維思考如何打破現狀，如何突破當前的行業局面。

對於老闆而言，擁有強大的事業心才能擁有美好的市場前景。我們渴望成功，就一定要確保自己的事業心不斷增強。

老闆的自我管理情商測試

這些問題要求老闆們按自己的實際情況回答，不要去猜測怎樣才是正確的回答。這裡不存在正確或錯誤的回答，將問題的意思看懂了就馬上回答，不要花很多時間去想。

表 1-1　老闆情商測驗題

序號	題目	從不	偶爾	經常
1	表情不開朗，很少展現笑容			
2	擔心犯錯而不敢授權			
3	與人合作時，如果別人不同意己見就罵人，或者是逃避			
4	等待一下的能力很低（即做什麼事都很急，耐不住性子）			
5	對自己要求很高，達不到標準時會生氣			
6	擔心自己的意見不好而不敢在下屬面前表達出來			
7	對自己期待低，覺得反正自己做不到就乾脆交給別人做			
8	不了解自己在生氣、高興、傷心、或是忌妒什麼			
9	對於已約好的事，無法守信用地完成，或會草率完成			
10	對於自己的事，不能主動及負責任地完成			
11	不遵守公司既定的規則			
12	被問及問題時常會用不知道、隨便、不說話或是顧左右而言他			
13	做事喜歡拖拉，慢吞吞及被動			
14	說不出自己生氣、喜歡、傷心或忌妒的話或事			

第一章　管好自己

序號	題目	從不	偶爾	經常
15	表達情緒的方式通常是罵人、忍耐或委屈			
16	情緒起伏很大，不易了解			
17	在意別人對自己的看法，生活較緊張，無法輕鬆自在			
18	想做很多事，因此顯得不專心			
19	與下屬意見不同時，采取對別人生氣等方式來解決			
20	擔心自己不會就放棄，或說活動無聊、低級、不願嘗試新事物或經驗			

計分方法和分數解釋：

各選項分值分別為 0、1、2。

分值大於等於 21，表示 EQ 能力較差，情緒起伏常伴你左右，應當注意培養這方面的能力；

分值大於等於 7 而小於 21，表示 EQ 中等，多些訓練，EQ 會加強；

分值小於 7，表示高 EQ。

第二章
練好眼光

　　短短兩個月的時間，印刷廠的張廠長打拚十幾年才累積的資本付之一炬。這讓張廠長本人整整瘦了一圈。面對眼前的局面，張廠長悔恨不已，自己拍腦袋做出的一個決定，連累全廠人跟著受苦，人生無常，讓喜劇走向悲劇的決定只在剎那間。

第二章　練好眼光

「憑感覺做決定」的悲劇

　　某年冬天，印刷廠的張廠長喜氣洋洋地開車前往市政府，今天對他而言是非常特殊的一天。在商界奮鬥十幾年來，只有今天最高興，因為他的辛苦奮鬥終於得到了外界的肯定，市內年度十佳企業獲獎者就有自己印刷廠的名字，而今天正是市政府為十佳企業頒獎的日子。

　　這一天的頒獎儀式舉辦得隆重且順利，張廠長揚眉吐氣了一把。也正是在這個頒獎儀式上，張廠長認識了一位「貴人」，這就是同樣獲得十佳企業稱號的某圖書公司總經理曲先生。

　　張廠長與曲老闆聊得十分投機，頒獎儀式過後兩人還特地坐到了飯店裡好好深聊了一次。張廠長發現，曲老闆對電商模式非常有研究，他的企業在短短兩年內成長為市內十佳企業確實有其獨到之處。曲老闆的各種商業言論讓專注於傳統市場的張廠長長了不少見識。曲老闆說，當今時代傳統商業模式已死，只有走電商發展才有出路，當今哪一個企業不是依靠電商才成功的。他的公司也是靠著電商才獲得了今日的成就。

　　聽著曲老闆的話，張廠長無比感慨，自己奮鬥十幾年還不如人家發展幾個月，這讓張廠長感觸很深，也萌生了做電商的念頭。張廠長對曲老闆透露了自己的想法後，又表示出一種擔

憂。因為張廠長自己對電商絲毫不懂，只知道電商就是在網路上賣東西。可是今天聽曲老闆這麼一說，感覺電商深奧得不行，好像是一種可以主宰企業未來發展的東西。

曲老闆聽完張廠長的擔憂後哈哈大笑，直接對張廠長說：「我說張廠長啊，你和以前舊社會的老闆一樣，怎麼就沒有點創新精神呢？好歹你現在也是身價過千萬的企業家了。別的不說，你印刷廠有固定客戶吧？有生產能力吧？這就是你的基礎和保障啊，就算你走電商模式受挫了，你的根基不是不會動搖嗎？何況還有我呢！我是電商起家的，我們倆合作不出一年，就不只是市內十佳企業了，一年後我們便會成為首都十大企業。」

首都的十大企業，這對張廠長來說誘惑力可不小。張廠長聽完曲老闆的話後轉念一想，曲老闆說得有道理，電商發展受阻了也不會影響到自己的根本，何況曲老闆對電商十分了解，兩人合作一定可以成功。自己每天都在思考如何發展企業，機會來了一定要好好把握。決定了，就這麼做。

兩人越談越投機，一個願意出謀劃策，一個願意出錢出力，這頓飯一吃好幾個小時，飯局過後兩人決定就此合作，圖書電商闖首都。

第二天，張廠長回到印刷廠之後馬上召開會議，把印刷廠的各層核心人員聚集到一起。張廠長將前一天的事情經過向眾

第二章　練好眼光

人講述了一遍,然後表示自己決定要和曲老闆合作,做圖書,做電商,進軍首都市場。

眾人被張廠長搞混了,一時間不知如何作答。這時,印刷廠業務部經理老白站了起來,說道:「張廠長,我個人認為我們印刷廠做圖書是可行的,因為這個產業與我們的本行有著直接關係,我們擁有各種便利和優勢。但是走電商我覺得是不是應該緩一緩,畢竟這麼多年來,我們對這種模式缺乏了解,盲目地採用這種運作模式,我怕印刷廠應付不來。」

老白發表了觀點之後,眾人紛紛附和。這時張廠長不樂意了,張廠長說道:「平日裡讓你們出點子謀發展都沒有話說,怎麼今天倒這麼踴躍了?電商這幾年火爆到什麼程度大家不是不知道,怎麼我一說走電商就這麼多人反對呢?退一萬步說,就算我們操作不好電商,這不是還有曲老闆的幫忙嗎?就算曲老闆不幫我們,我們不是還有老客戶、老管道嗎?這件事又不會影響印刷廠的根基,你們為什麼個個持反對意見?有這個精力來反對我,不如好好查查資料,學習一下電商。」

眾人看張廠長心意已決,都不再吭聲。其實,在這些企業主管中,大部分並不是反對電商,而是感覺張廠長現在的狀態過於自信。雖然印刷廠在他的領導下,獲得了飛速的發展,還評上了市內十佳企業,但是他和曲老闆才僅僅認識了一天,吃一頓飯、拍一下腦袋,就決定做電商了,這個決定過於草率。

「憑感覺做決定」的悲劇

會議就這樣結束了,可張廠長的衝勁還沒過去。張廠長認為,市場發展千變萬化,趁現在電商模式還沒過時,應該讓企業馬上轉型,以便贏得更多的利益,獲得更大的發展。

短短一個星期,印刷廠的「圖書專案」就上馬了,而且是走電商模式的大規模行動。張廠長聽從曲老闆的建議,走電商就必須先採取「燒錢」模式,打造自己的電商平臺,樹立自己的電商品牌。只要品牌有了,電商市場就有了,前期的付出自然也會有回報。

曲老闆的慫恿和鼓吹讓張廠長短時間內自信心暴增,甚至他自己對電商都沒有進行深度研究,就開始盲目遵循曲老闆的意見進行電商發展。印刷廠的各個老員工在這期間不斷勸阻張廠長:「張廠長,您決定做圖書、走電商我們都同意,我們知道您是為了印刷廠可以發展得更好,但是您看是不是可以把節奏稍稍緩一緩,最近太急了,印刷廠資金鏈已經開始產生壓力了。」

但是張廠長絲毫不為所動,整天幻想著短短一年後自己就可以在首都市場開闢一片屬於自己的天地。於是他對印刷廠的員工說:「既然做,就好好做、盡力做。不做大,企業怎麼發展?不做強,企業怎麼獲利?前期投入雖然大,可後期回報也大啊。就算這次失敗了,我們不是還有原來的基礎嗎?何況這次還有曲老闆幫我們,首都市場的一席之地指日可待了。」

第二章　練好眼光

　　說歸說，做歸做。事情遠沒有張廠長想像的這麼簡單。雖然曲老闆是電商起家的，但是他自己也不知道進軍首都市場遠沒有想像的這麼簡單。曲老闆向張廠長推薦的是當今電商市場最新的模式，這種模式需要企業網路及實體同時發展。首先，不說網路上的發展情況，張廠長與曲老闆在首都建立的實體銷售點就為兩家企業帶來巨大的負擔。雖然城市緊鄰首都，可是兩者的市場投入存在著本質上的差別。張廠長與曲老闆投入了大量的資金，也沒能達成最初預想的市場效果。而且兩者的網路行銷發展也不樂觀，電商市場規模飛速擴展，一時間市場競爭不斷加劇。到了年底，電商市場已經表現出了另外一種局面，想要打造自己的平臺，樹立自己的形象，投入要比年初翻幾倍。

　　短短兩個月時間，張廠長與曲老闆的企業紛紛陷入了經濟危機，曲老闆由於走輕資產路線，只面臨了巨大的運作壓力，而張廠長的資金鏈卻徹底斷裂了。這兩個月當中，在網路行銷上，兩人為了樹立品牌不斷「燒錢」，自己購買、印刷的圖書折扣一降再降，雖然開闢了一定的網路市場，但是由於後期資金不足，導致圖書種類一再減少，最終沒有獲得消費者的認可。兩人的實體市場大部分受網路市場牽制，線上受阻、線下受挫。兩人在首都設立的實體銷售點有些甚至還未開張，便已經垮掉了。

兩個月過後，張廠長也瘦了整整一圈。印刷廠的老員工看到這樣的張廠長也不忍心再責備他什麼，只能繼續安慰張廠長：「張廠長，沒事的。一次失敗算得了什麼？我們不還有原來的市場和老客戶嗎？大不了從頭再來。」

張廠長聽到這些話倍感愧疚，自己拍腦袋犯下的錯連累了全廠人跟著受苦。回到原來的市場從頭再來已經是自己唯一的出路了，這次印刷廠元氣大傷，即便重新開始，也必定困難重重，短短兩個月，十幾年的努力付之一炬，每當想起自己的衝動行為，張廠長就感覺無地自容。

人生總是如此無常，一次小小的衝動就可能遭到巨大的懲罰。「憑感覺」做決定讓張廠長的人生從喜劇走向了悲劇，也讓無數人為此驚醒，為此感嘆。

選擇恰當的合作者

企業發展離不開合作，老闆進步離不開雙贏。這是一個經濟大時代，單槍匹馬的強者永遠敵不過眾志成城的小將。想要在當前的商業時代中變得更強，就一定要學會如何合作。

正如張廠長與曲先生，兩人可以短時間內聊得如此投機、如此默契，並不是因為兩人的性格使然，而是因為在當今商業

第二章　練好眼光

市場中，合作是企業領導者成長必定要經歷的階段。

在我們的發展過程中，如何選擇一個恰當的合作者是我們應該思考的問題。身為一個老闆，如果不能選擇最恰當的合作夥伴，那麼不僅無法幫助企業提升發展速度，甚至可能會對企業的發展帶來阻礙，令員工的利益蒙受損失。

首先，我們需要深思合作者本人是否具有以下特徵：

（1）合作者必須擁有良好的信譽和人品。合作是建立在相互信任基礎之上的，其目的是為了達成共同的目標。如果合作雙方內部發生問題，帶來的損害遠大於外部的衝擊，因此合作對象一定要選擇可以信任的人。

（2）合作者必須與自己性格互補。尋找合作者之前，老闆一定要清楚地了解自己，明白自己的優缺點，然後根據自身情況尋找具有互補性質的合作者。合作的目的是為了更好地帶領企業發展，因此合作者必須選擇可以彌補自己缺點的人。

（3）合作者必須具有責任心。合作是一個需要磨合、共同對抗困難的發展過程。在這個過程中，合作雙方都必須具有強烈的責任心，遇事懂得互幫互助，而不是相互推脫。尤其在合作初期，雙方需要一定的磨合，這個過程中難免會出現摩擦與過錯，如果沒有強烈的責任心，則會導致合作不僅未能為企業帶來利益，反而遭受更多損害。

（4）合作者不可以過於強勢、過於固執。很多老闆在尋找

合作者時喜歡尋找強者，而「強者」往往只針對對方的企業實力。但是比自己強大的企業老闆往往會更加強勢，雙方不會站在公平的角度之上，甚至對方只會考慮自身利益，而把我們當作依附者。如此一來，則會導致我們將企業命運完全交付在對方手上，從而失去所有的主動性，由合作變為了被動發展。

（5）合作者一定要具備一定的韌性。合作本身是一個先苦後甜的過程，因此合作雙方都要具備一定的韌性，勇於面對失敗，並且要經受得住各種打擊。有些老闆喜歡帶領企業站在市場的邊緣位置，雖然利益少，但是相應承擔的風險也小。這樣的老闆不適合當合作對象，無論其具備多麼優厚的條件，沒有一定的風險應對能力和風險承受能力，往往會導致合作無法長久維持，每當面臨困難與衝擊時，沒有韌性的老闆會第一時間思考如何自保，而不是思考如何堅守合作關係。

在張廠長與曲先生的合作中，兩人就沒有滿足性格互補這一點。兩人的脾氣都非常急躁，所以才出現了「憑感覺做決定」的行為。而且，張廠長又過於固執，絲毫不聽下屬的勸告，曲先生缺乏一定的責任感，雖然有過成功的經歷，做事卻過於莽撞，絲毫不考慮「燒錢」的後果，最終兩人沒有雙贏，反而共敗。

其次，我們需要對合作者的企業進行一定的調查，來確定對方是否適合與自己合作。

第二章　練好眼光

（1）合作企業為我們帶來哪些優勢和劣勢。很多老闆在面對這一問題時，只喜歡思考對方可以為我們帶來哪些優勢，而忽略了對方為我們帶來的劣勢。這也是很多企業無法長時間維持合作關係的主要原因。

合作不僅是一個互補的過程，同時也會發生一定的衝突與摩擦。所以，老闆不能只思考合作之後我們的生產能力、銷售速度提升了多少，同時也要思考合作後我們要與合作夥伴進行市場分享，而這個變化會產生哪些利益變動。往往很多老闆正是因為缺乏這一方面的思考，導致最後的利益分配出現問題，從而影響了合作關係。

（2）合作對象的未來發展方向是否與我們相符。合作是一個持久的過程，我們不能只看眼前的問題，同時也要思考對方的未來發展。甚至，只要對方的未來發展與我們的未來發展相契合，即便眼前的共同利益並不多，也可以合作。

（3）深度思考合作對象的營運現狀以及合作意圖。有些企業看似很適合與我們合作，但是其中卻隱藏著其他的意圖。作為老闆，我們一定要及時發現合作對象的這些真實需求，而發現這些問題的方法，則是調查與思考合作對象。

從對方的營運現狀，了解對方的利益來源，以及當前的利益獲取趨勢是否正常。往往合作雙方都會存在一些內部問題，才迫切渴望尋找合作對象。而我們一定要思考對方企業營運問

題是否可以透過我們的企業得以彌補，而不能只思考對方企業當前的營運狀況，如果我們的企業不足以彌補對方的缺陷，那麼老闆一定不能與對方合作，否則雙方的合作將導致自身企業未來遭受重大損失。

有眼光，才能遇到諸葛亮

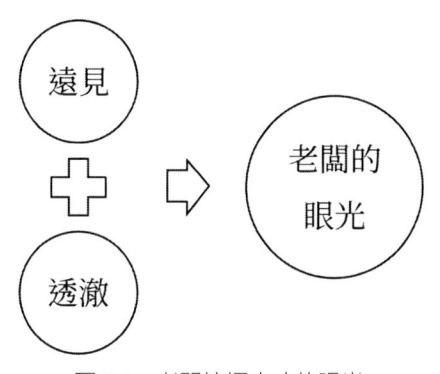

圖 2-1　老闆挖掘人才的眼光

身為老闆，總是肩負著兩個重要的任務——挖掘人才和指引發展。這兩個任務隨時關係著企業的命運。老闆必須具備識人、辨人、選人、用人的能力，才能發揮個人和企業的最大實力。

張廠長懂得識人，卻不懂得辨人，他發現了曲先生的才

第二章　練好眼光

能,卻沒有發覺曲先生的缺點;張廠長懂得選人,卻不懂得用人,張廠長擁有忠心的員工,證明他懂得選人,而對這些員工的勸告不為所動,證明他不會用人。

老闆要想挖掘人才必須具備兩種「眼光」:遠見和透澈,也只有具備了這兩種眼光,才不會出現類似張廠長的錯誤。

1. 遠見

遠見是指老闆要把目光放得長遠,基於員工的現狀來前瞻其未來的發展趨勢,發現人才絕對不能簡單地依靠眼前的作為,要將員工的成長空間、未來發展都計算在內,才能決定其是否是我們需要的人才。

正如劉備三顧茅廬請出的諸葛亮,當時的孔明只是一介草民,然而在茅廬當中的一番「天下三分」的宏論,讓劉備等人發現臥龍名不虛傳,日後將不可限量。很多人認為與「臥龍」孔明齊名的「鳳雛」龐統是因為相貌醜陋而慘遭埋沒的,其實,如果當時吳國的領袖孫權可以考慮到龐統未來的發展空間,而不只是針對其當下的碌碌無為,那麼吳國必定不是當時的被動局面,甚至可以與魏國一決高下。

2. 透澈

所謂透澈,必定是指老闆應該擁有看透表面、發現事物、人才本質的洞察力。

三國時期，孫權雖然缺乏遠見，未能留住龐統，但是卻任用了陸遜。陸遜最初在吳國一直未受到重用，孫權當政後派陸遜平定吳國邊界山越部隊的侵犯，發現這名文弱書生數年來不僅多次擊退來犯的山越部隊，更將邊界村落治理得井然有序，百姓安居樂業。雖然這與當時的吳國發生的各種大戰役相比微不足道，但是孫權卻看出了陸遜絕非只會紙上談兵的庸才，確實有真才實學。於是在劉備率軍攻擊吳國之時，孫權及時任用陸遜為領軍大都督，方得以轉危為安。

老闆學會慧眼識珠是發掘人才的基礎，然而有些人才在初期並不能為企業發揮其最大的能力，這時需要老闆們進行巧妙的培養和使用。

1. 老闆要懂得尊重人才

很多時候我們發現了人才之後，人才卻不認可我們，雖然一些員工才華出眾、能力不凡，但卻附帶一種「臭脾氣」，屢屢令老闆難堪。面對這種情況，老闆萬不可擺架子、發脾氣。雖然我們不缺少員工，但是缺少人才，當我們確定了員工的能力之後，就應該進行一定的引導和培養。尤其是針對那些「臭脾氣」的人才，給對方一定的尊重，並放棄一些無謂的計較，真誠邀請、以禮相待，則會收獲對方絕對的忠誠和付出。老闆不要只把「重視人才」當作口頭禪，真實的行動才是我們招攬人才的良策。

第二章　練好眼光

2. 老闆要懂得調動人才

傑克・威爾許（Jack Welch）說：「讓合適的人做合適的事，遠比開發一項新策略更重要。」人才並不只是在自己職位上表現得最優秀的員工，而是具備他人不具備的能力，並且這種能力可以為企業帶來利益。

很多老闆判斷人才的標準是依靠績效成績，這種判定標準導致很多人才被埋沒。惠普公司前任 CEO 卡莉・費奧莉娜（Carly Fiorina）曾講過這樣一個故事：2000 年前後，惠普公司經歷了有史以來的最谷底時期。當時公司內部運作極其不協調，決策速度十分緩慢，導致公司銷售業績不斷下滑。這時卡莉・費奧莉娜臨危受命出任惠普公司 CEO。很多人都認為卡莉・費奧莉娜會對惠普內部進行大整治，無數高層將面臨失業的危機。然而，卡莉・費奧莉娜雖然對一些管理者進行職位調整，卻未曾開除任何一個人，也正是這個調整，才使得惠普公司扭轉了被動的局面。

卡莉・費奧莉娜說道，當時她對加工工廠進行調查，發現一名員工雖然工作業績並不高，但是卻十分會活躍集體氣氛，帶動集體積極性。而這名員工的主管則經常謾罵這名員工，聲稱自己一隻手都要比她工作效率高，正是因為她才導致了集體加工效率降低的。這時，卡莉・費奧莉娜做出了一個決定，她任命這位員工為團隊主管，而將這名主管調到了技術培訓部

門。經過這一調動,這個加工團隊的效率明顯提升了很多,而這也正是卡莉‧費奧莉娜對惠普內部進行整治的主要決策。

老闆們一定要明白,員工績效並不能完全展現他的個人能力,很多人才未能被我們挖掘、未能發揮出最大的實力,恰恰是因為我們未能給予其一個合適的舞臺。懂得恰當調動人才的職位是挖掘人才、培養人才的良好方法。

3. 老闆要懂得延續人才。

人才首先是人,其次是才。人才在企業中的作用是發揮「才」的一面,但是老闆對人才的善用則要針對「人」的一面。老闆千萬不要只重視人才的才華與能力,這些突出的才華與能力隨著企業的發展、社會的進步也有可能發生變化,如果我們想要擁有更多、更持久的人才,就一定要學會善待人才。

讓人才感覺我們不是在利用、使用他們,而是在一定的感情關係之上,追求共同的利益。當我們與人才建立了共同的發展目標時,人才才會不斷地自我提升,才會將發展方向定位於我們的共同追求之上。這種方法正是老闆對人才的延續,如果老闆只是將人才的才華與能力當作其利益交換的資本,那麼這種才華與能力則會成為消耗品,用盡之後我們則會失去人才。

老闆的眼光是企業內部力量提升的前提,老闆有眼光,企業才會更強大。然而,並非每一個老闆都天生具備一雙慧眼,

第二章　練好眼光

因此,我們需要提升雙眼的發現能力、選擇能力,從而發現身邊的每一個「諸葛亮」。

不憑感覺做決定

決策要具有全局性　決策要具有持續性　決策要具有綜合性　決策要具有挑戰性

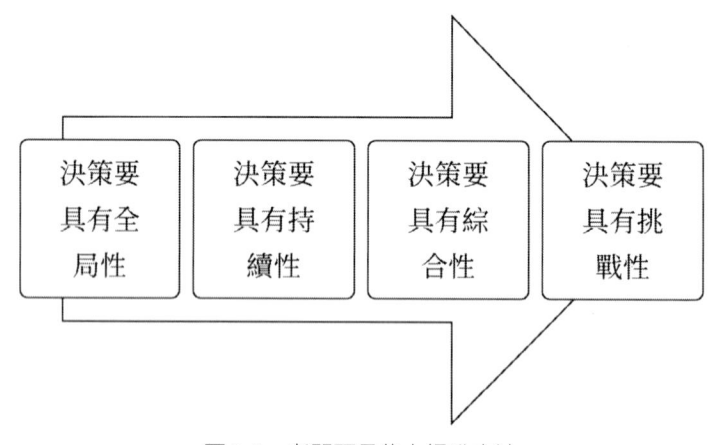

圖 2-2　老闆預見能力提升方法

身為老闆,必定期望企業發展順利、少走彎路,在最短時間內達成預定的目標。然而,願望總是美好的,結果卻總是不盡如人意。很多時候我們失敗,往往是因為當初的決策缺乏周全的思考,是一時衝動憑感覺做出的決定。

古人云:「凡事豫則立,不豫則廢。」老闆的預見性對企業發展有著極大的作用。老闆帶領企業獲得的成功,絕對不是

建立在運氣之上的，而是根據有預見性的決策，從而規避了各種失誤，最終獲得的收穫。因此提升老闆的預見性，就等於提升了企業發展的安全性，我們可以從以下幾個方面培養自己的預見能力。

1. 老闆的決策要具有全域性

很多策略性發展構想並非來源於老闆的頭腦一熱，而是根據客觀事物的總體趨勢和規律總結出的發展策略。因此，老闆的決策一定要具備全域性，從客觀全域性的角度出發，深思任何關係到未來發展的因素，正所謂「沒有遠慮必有近憂，不謀全域性者，不足以謀一域」。

2. 老闆的決策要具有持續性

從企業發展策略上來看，老闆的預見性必須具備一定的持續能力。企業發展不僅僅著眼於某一個利益點，而是針對整體的發展策略。換而言之，老闆思考的問題應該是如何長期獲取利益，而不是如何使得一次性利益最大化。尤其是針對一些一次性利益損害長期發展的策略，老闆一定要慎重，絕不能被眼前的利益所矇蔽，頭腦一熱決定發展，從而影響了企業的持續發展。

3. 老闆的決策要具有綜合性

未來的發展是具有多變因素的，老闆的全域性預見性是必然，綜合預見性是補充。所謂綜合預見性，大多針對外部因素，全域性是對企業整體的思考，綜合性是對未來市場可能發展變化的應對。

尤其是對市場競爭、行業變化，老闆一定要進行綜合的思考，將所有因素融合到一起重新審視。以 2013 年正式更名為「開雲集團」的法國巴黎春天集團為例，開雲集團董事長兼執行長法蘭索瓦－亨利・皮諾（François-Henri Pinault）在回答記者關於集團大幅度轉型的問題採訪時說道：「巴黎春天之所以決定由奢侈品行業轉型為運動、潮流服裝行業，是經過綜合性思考才決定的。集團透過對市場的深度調查發現，在未來的網路市場發展中，運動、潮流服裝行業將更貼近消費者的生活，市場發展空間更大，雖然人們對奢侈品的追求不斷提高，但是潮流生活用品卻從未被放棄，且更受歡迎，因此集團理事會決定徹底轉型。」

開雲集團的這一轉型恰恰證明了，作為企業的領導者對未來市場的預見需要更具綜合性，不僅僅要思考企業內部、行業內部的各種問題，更需要綜合思考市場發展的全部因素，之後才能做出決策。

4. 老闆的決策應該附帶一定的挑戰性

正所謂有挑戰才有收穫。單純思考企業如何平穩發展的老闆並不能帶領企業進步，而具有一定挑戰預見性的老闆才能夠獲得更大的成功。

預見未來市場挑戰也是老闆應該具備的基礎能力，透過對市場和企業的分析，了解未來挑戰的到來時機，可以更準確地掌握企業發展的節奏，及時採取應對措施，並在挑戰過程中獲得發展、獲取利益。如果老闆只思考透過當前的形勢如何持久平穩發展，那麼則降低了企業發展過程中的風險應對能力，從而將企業置於危機當中。

企業發展離不開老闆的指引，然而喜歡憑感覺做決定的老闆往往會帶領企業走向失敗，一個有預見性的老闆才是企業發展的安全保障，懂得在決策之時進行全面縝密的思考，並預留各種危機應對措施，是老闆帶領企業走向成功的堅實保障。

推斷風險,及早規避

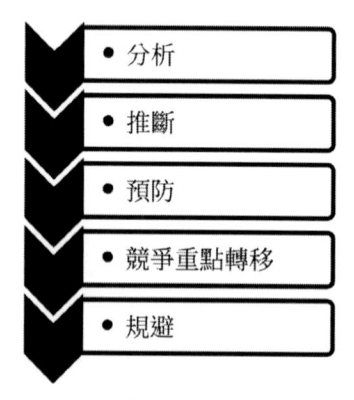

- 分析
- 推斷
- 預防
- 競爭重點轉移
- 規避

圖 2-3　老闆規避風險的方法

大話西遊中有這樣一句經典的臺詞:「我猜得到開頭,卻猜不到結局」,這句話不僅僅可以用來形容唯美的愛情故事,用來比喻企業在市場中的發展狀態也非常恰當。相信很多老闆對以往的經歷會產生類似的感受。

老闆帶領企業發展需要具備一定的預見性,然而我們預知了企業發展過程中未知因素的出現,卻未能了解到這些未知因素給企業帶來的風險,也恰恰是因為我們對這些風險因素推斷不及時,導致企業發展出現各種波折。

企業發展過程中的風險大多來源於市場競爭與行業變化,這兩大風險來源直接關係到企業的命運。然而很多老闆往往在

分析過程中只重視第一點，而忽略了行業變化。企業發展過程中必定會存在市場競爭，然而透過長時間的競爭，企業已經具備了一定的風險應對能力，因此這種風險並不是主要的風險來源。

身為企業老闆，我們必須具備這種推斷思維，分析出企業發展過程中的競爭風險，更要思考這些風險給行業帶來的改變，並對風險進行準確的定性，是個例還是開端，隨後我們才能夠針對風險採取策略。

老闆應該從中了解到企業發展過程中預知風險、規避風險的具體方法：

（1）分析。老闆對企業未來發展的分析要更加深遠、更加全面。市場競爭與行業變化的分析一定要結合企業自身特點。

（2）推斷。當我們全面了解了企業未來發展過程中可能出現的風險因素之後，就應該針對這些可能存在的風險推斷各種發展變動，然後針對各種變動訂定相應的風險應對策略。

（3）預防。預防是指我們在企業發展過程中訂定減少競爭的策略，無論是價格戰還是品質戰，只有突出了產品自身的特點，我們才能夠減少更多的競爭，從而預防風險的發生。

（4）競爭重點轉移。競爭重點轉移需要老闆根據企業自身特點，在面對競爭風險過程中，隨時掌握競爭主導權。這種方法需要老闆具備敏捷的思維，可以第一時間利用企業優勢訂定

風險應對策略,從而確保企業在競爭中保持最大優勢。

(5)規避。當我們成功應對風險之後,老闆還需要從風險過程中進行總結,並思考如何透過調整發展策略,規避相同的風險出現。

透過以上五點的風險預知與應對,我們可以帶領自己的企業更穩固、更快速地發展。

老闆的好眼光測試

這些問題要求老闆們按自己的實際情況第一時間作答,不要猶豫,不要猜測,因為我們需要從真實的答案中找出自身的不足,正如現實中很多情況根本沒有時間讓我們思考,我們的快速想法才是眼光的真實展現。

表 2-1 老闆眼光測試題

序號	題目	從不	偶爾	經常
1	雖然經常接到推銷電話,但是看到陌生號碼打來時你還是會不猶豫地接聽嗎	2	1	0
2	你會清楚員工有才能,卻因為個人不喜歡他的性格而不委以重任嗎	2	1	0

序號	題目	從不	偶爾	經常
3	尋找合作夥伴時,你會優先從自己的交友圈裡選擇嗎	2	1	0
4	對待不善於表達的員工,你有耐心嗎	0	1	2
5	對待下屬過分的要求,你會發怒嗎	2	1	0
6	對於朋友推薦而來的人才,你會直接重用嗎	2	1	0
7	企業遇到困境,你會整天抱怨嗎	2	1	0
8	隨著企業發展,你是否會在生活上降低對自己的要求	2	1	0
9	面對發展機會時,你是否習慣只思考未來的發展優勢而忽略風險	2	1	0
10	為企業的未來發展,你會只選擇常規模式而不敢突破創新嗎	2	1	0

計分方法和分數解釋:

滿分為20分,根據自己的答案對比分數。

分數大於等於14,表示領導者具備了一定的發展眼光;分數在8到14之間,表示領導者還需要加強學習、提升眼光;分數小於8分,表示領導者的眼光很差。

第二章　練好眼光

第三章
找準市場

　　大字不識一個，只會寫自己名字的農民，卻成為海外華人眼中的「女神」，變身為有名的調料大王，「老乾媽」陶華碧的故事至今為人稱讚。但是無論她的故事有多麼精彩，她的人生這本書要比故事本身精彩得多。陶華碧用自己的商業頭腦創造了一個令人難以想像的真實童話。「老乾媽」的成功之道，令人嘆為觀止，更值得企業老闆學習。

第三章　找準市場

堅持辣椒醬專業優勢的「老乾媽」

「老乾媽」的名字是陶華碧，原名陶春梅。陶華碧的家裡很窮，受重男輕女思想的影響，她沒有讀過一天書。

從小，她就幫家裡人做飯，從那時起，她就非常喜歡辣椒，經常自己用辣椒做一些調料。二十歲時，陶華碧遇見一名會計，兩個人相戀結婚。用陶華碧自己的話講，她年輕的時候也是一朵花，好強能幹，丈夫是個老實人，有才華且人品好。

但是，陶華碧的丈夫身體不好，很早就退休了，為了養家餬口，她不得不自己做點生意。她最早賣米豆腐維持生計，每天的豆腐都是自己磨，深夜一兩點才能磨完，一大早又要出去擺攤。後來挑擔子去學校周圍賣涼粉，自己挑著一百多斤重的擔子，很辛苦，落下了五十肩、關節炎、頸椎病等，直到今天，膏藥依舊不斷。

那時候，她揹著上百斤重的米豆腐去搭公車，售票員卻不讓她上車，陶華碧的原話是：「售票員的態度非常惡劣，幾下就把你推下去。我給雙倍的車票錢，她還不讓我坐。我說不行也得行，今天一定要坐。天天吵架。」

這樣的艱辛無人能知，無人能體會。

幾年後，丈夫病逝，生活更加艱難。

堅持辣椒醬專業優勢的「老乾媽」

陶華碧用省吃儉用攢下來的錢，在一條街邊，用撿來的磚頭蓋了間簡陋的「實惠餐廳」，專賣涼粉和冷麵。

她沒有讀過書，更不懂得生意經，但她為人樸實，全憑一個個樸素的想法苦心經營。

就連開這樣的小店，也不得安生。環保人員、工商幹部，甚至包括樓上的退休老頭，沒過幾天就來找她的麻煩，還要罰款。最後，她被逼得走投無路，就跟他們說：「你要錢可以，但是要正當，你可以跟我講道理，我們孤兒寡母賺點錢多難。好多人害怕就挨罰，我不行，我不是可以隨便欺負的，我不怕你。你禮拜天來店裡，又沒穿制服，又沒有帶證，你是不是來要吃的？我就要打你。」老乾媽的想法是，我會努力奮鬥，但是只要我對得起良心就好了。

當時，賣涼粉和冷麵的店面很多，但是她發現，幾乎所有的店面都是配胡椒、味精、醬油、小蔥等佐料，她想不一樣，於是就自己特製了專門拌涼粉的佐料麻辣醬。點子實施後，生意居然真的變得十分興隆。

有一天，陶華碧沒來得及調製麻辣醬，顧客聽說沒有麻辣醬，立即轉身就走了，她不禁困惑了：顧客不是為了吃我的涼粉，而是更喜歡吃我的麻辣醬？根據這件事，她彷彿一下子看到了麻辣醬的潛力，於是苦心研究麻辣醬的各種做法。經過幾次調整後，她的麻辣醬更加美味、獨特，甚至很多顧客來店裡

第三章　找準市場

只要麻辣醬,她不禁喜不自勝,心想,這麼多人都是衝著我的麻辣醬來的,我還賣涼粉做什麼,不如專賣麻辣醬。

於是,陶華碧借了兩間房子,應徵了四十名工人,創辦了一個辣椒醬生產工廠,並起名為「老乾媽麻辣醬」。

為什麼是「老乾媽」呢?

在學校附近擺攤時,學校的許多學生因為陶華碧為人厚道、待人熱情,於是經常光顧她的攤點,其中一名學生因家境不好,成天打架鬥毆,陶華碧便像母親一般關懷他、勸說他,在生活上十分關心他,還資助他,幫助他完成了學業,改掉了身上很多不良習慣。當時,他十分敬重陶華碧,視她為自己的母親,並尊稱她為「老乾媽」,其他學生因為經常受她照顧,也親切地喊起「老乾媽」,「老乾媽」的稱謂不脛而走,幾乎所有人都稱她為「老乾媽」。

「老乾媽」辣椒醬生產廠成立後,陶華碧成為老闆,她明白首先要管理好工廠,但是她一個字也不認識,怎麼管理?思前想後,她決定還是用樸實打動工人們:苦活累活都是我自己親自做,工人們一定會跟著我做,一定能夠管好。

說做就做,工廠裡的髒活累活,她都搶著做,什麼事情都親力親為。比如,搗辣椒時濺起的辣椒末會飛到人的眼睛裡,辣得眼睛不停流淚,工人們都不想做,她就親自操刀,一邊揮

堅持辣椒醬專業優勢的「老乾媽」

動菜刀,一邊說:「我把辣椒當蘋果切,就不辣眼睛了。」員工們聽她這樣說,也都拿起了菜刀開始做事。

那段時間,「老乾媽」的五十肩更嚴重了,她的十根手指頭都被鈣化掉了,工人們看老闆都這麼拚命,自己也很賣力。

這時候,問題來了。辣椒醬生產出來後,涼粉店根本用不了這麼多,為了解決銷量問題,「老乾媽」親自到各個食品商店和各大餐廳推銷自己的辣醬,沒想到,最後這種方法收到了很好的效果,不到一週的時間,這些老闆們就打電話給陶華碧,要求訂製更多的辣椒醬。逐漸地,「老乾媽」站穩了腳跟。

陶華碧的膽子又大了些,她想廠子都有了,何不將廠子擴大成公司呢?

六年後,「老乾媽」陶華碧創辦了自己的老乾媽風味食品有限責任公司,公司產品仍然為「老乾媽」。

一個沒有上過學的農婦,在六年的時間裡,白手起家,創辦了一個資產幾十億的私人公司。

陶華碧不認識字,自然沒有辦法看懂一些公司檔案,那麼,這麼大的企業,她是怎麼管理的?

兩年後,公司正式掛牌,這時候,公司的工人已經達到兩百多人。既然是創辦公司,就一定要有公司的規模,「五臟六腑」一個都不能少,財務、人事等報表也要她親自審閱,工商、稅務等都需要她去應酬處理,所有的這一切,對於不識字

第三章　找準市場

的陶華碧來說太難了。

退縮不是她的性格,她往往都是迎難而上的那一個。看不懂檔案和報表,她就苦練自己的心算和記憶能力,讓財務人員將檔案和報表唸給她聽;如果聽得實在枯燥,她就泡上一杯苦得舌頭發麻的濃茶喝。

最終,她真的苦練出了超出一般人的記憶力和心算能力。每次唸給她聽報表的內容,她聽一兩遍就能記住,且從中找出對錯。

這些都不是最難的,最難的是參加各種會議,而且自己還要上臺發言。對於這種完全不能用勤奮和技巧取勝的會議,她只好退而求救別人,當她正準備找人輔佐自己的時候,自己的長子李貴山主動辭職,來她的公司幫她。

李貴山擁有高中學歷,所以很多工作對他而言並不困難。他做的第一件事就是處理檔案,他讀,她聽。有時候,聽檔案聽到重要的地方,她就會讓李貴山記下來,然後她在李貴山告訴她需要簽名的地方畫個圓圈。李貴山看著這個圓圈,無奈地笑笑,他在紙上寫下「陶華碧」三個大字,告訴自己的母親這是她的名字,讓母親沒事的時候練習一下。

陶華碧看著這三個字,為難地說:「這三個字,很複雜呀!」儘管如此,她還是不得不練起自己的名字,苦練三天,最後終於將自己的名字寫得有模有樣,高興之際,她請公司全

堅持辣椒醬專業優勢的「老乾媽」

體員工加了一頓餐。

李貴山加盟公司後,陶華碧也想為公司制定一些規章制度。別的公司制定規章制度都是為了制約員工,但她知道依自己的能力,根本制定不了高深的東西,所以,在管理上,她只有一招:親情化管理。

她在讓自己的兒子制定政策之前,就把「講感情」這個最基本的要素告訴了他。比如,公司所有的員工包吃住,哪怕公司發展到一千三百人的時候,也沒有終止這個規定,所有人都是包吃住。

陶華碧的「親情化管理」折服了很多人。舉個例子說明。

「老乾媽」公司有個廚師,他父母早亡,有兩個弟弟,但他愛抽菸喝酒,每個月的薪資,幾乎都浪費在了菸酒上,陶華碧知道後請他去喝酒,對他說:「孩子,今天你想喝什麼酒就要什麼酒,想喝多少就喝多少。但是,從明天開始,你要戒酒戒菸,因為,你要讓兩個弟弟去讀書,千萬別像我一樣,大字不識一個。」

廚師聽了這番話很感動,當即表示一定會戒酒戒菸。陶華碧放心不下,每個月只給他一些零用錢,其餘的錢都幫他存起來,在他弟弟需要用錢的時候,再從她那支取。

這樣的事情很多,公司一千三百多名員工,陶華碧可以叫出六成的人名,可以記住很多人的生日;員工結婚,她一定會

第三章　找準市場

親自當證婚人；員工出差，她還會親手為他們煮幾個雞蛋，把他們送到車上。

這樣的管理使公司有很強的凝聚力，很少有人願意離開，即使離開，很多人也想回來。這些真情，讓「老乾媽」有極強的號召力，公司員工特別團結。

公司發展到這個程度，陶華碧漸漸感覺銷售產品、發展客戶成了大問題。

分析自己的優劣勢之後，她決定採取「誠信策略」。

曾經有一個銷售商將目標定到了一億五千萬元，陶華碧覺得目標太高，很可能完不成，便半開玩笑地說：你要是實現了這個目標，我就在年終的時候獎勵你一輛車。銷售商沒有當真，因為陶華碧太節儉了，她到現在都還不給自己買車，大多時候都是擠公車。

沒想到，年終銷售商真的完成一億五千萬元的銷售額。陶華碧也果然獎勵銷售商一輛轎車。

誠信讓陶華碧贏得了好聲譽，也嘗到了甜頭，但也將她逼到了風口浪尖。

有些人看見她這麼火，眼紅了。那段時間，市場上出現了很多假冒的「老乾媽」。陶華碧這時候終於不講感情了，她四處派人打假，大聲疾呼：「我才是真正的『老乾媽』！」

但一家「劉湘球老乾媽」卻依舊我行我素。她去找政府，

堅持辣椒醬專業優勢的「老乾媽」

沒想到得到的回答是兩家都可以用，可以共生共存。

陶華碧這次不講情面了，她起訴這家「老乾媽」，打起了官司。三年，終於，陶華碧的「老乾媽」打敗了劉湘球的「老乾媽」。

吃一塹，長一智。不久後，「老乾媽」獲得了商標註冊證書。

陶華碧曾表示：「我做本行，不跨行，就實實在在把它做好做大、做專做精。你哪有那麼多的精力，這也做、那也做？我一心投入辣椒行業，越做越大，而且要做好。錢來得再快，也不能貪多。滴水成河，把一個行業做精。」

第三章　找準市場

人無我有，人有我精

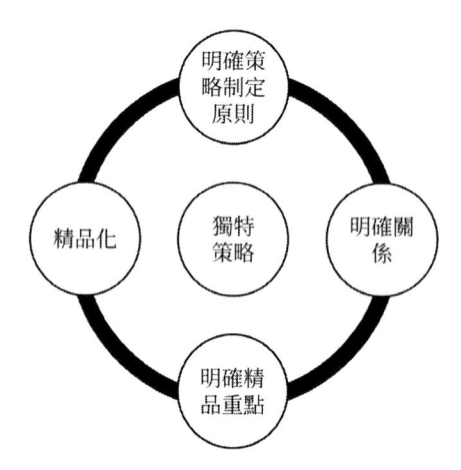

圖 3-1　企業獨特策略制定方法

作為企業的領導者，老闆必然會思考如何提高企業的核心競爭力，就當前的市場形勢而言，擁有獨特市場競爭力的企業並不在少數，而且這些企業的競爭力是不可模仿、很難超越的，因為這些企業遵循了「人無我有，人有我精」的策略發展路線，從而打造出自己獨有的市場競爭力。

「老乾媽」就做到了這一點。一開始，市場上並沒有做類似辣椒醬的企業，或者說很稀少，老乾媽從中發現商機，研製出了獨一無二的「老乾媽」辣椒醬，做到了「人無我有」；當市場上逐漸出現較多以辣椒醬為主的調料時，她將自己的辣椒醬

「做精」，即使有再多的人仿冒自己的產品，也不能取代自己的產品，這樣就在市場上形成了自己獨有的競爭力。

但是，制定這種獨特的策略發展路線，對於老闆而言並不簡單，我們計畫與制定策略需要遵循以下步驟。

1. 明確企業發展策略的制定原則

首先，老闆要選擇合適的發展目標。有些老闆喜歡制定過於宏大，但是希望渺茫的發展目標，根本不去思考當前的企業實力，這些不切實際的策略目標，反而助長了企業浮躁風氣的滋生。

因此，老闆在制定企業發展策略之前，必須將企業當前現狀分析清楚，總結思考企業的有利條件和不利條件。曾有一位成功的企業家說過，制定企業發展策略必須遵循「三不原則」：不制定利益獲取途徑不明確的策略、不制定企業發展壓力過大的策略、不制定不符合當前企業發展現狀的策略。這三個不制定的原則為所有企業領導者劃出了制定策略目標的警戒線，讓所有老闆明白了企業發展策略中存在的危機。

其次，制定發展策略必須具備協同性。老闆制定發展策略的目的，是為了透過各式各樣的發展措施產生良好的發展效果。那麼如何才能夠令企業產生良好的發展效果呢？必然是令發展策略符合企業發展方向，令企業自身特點符合當前策略的

目標需求。因此，任何企業的發展策略都必須具備協同性。

2. 融入精品化策略原則

所謂精品化策略原則，展現了精益求精的發展方式。企業追求獨特的市場競爭力，就必須從企業文化、產業主體，以及市場服務多方面勝人一籌。而最好的勝人一籌的方式，就是在各個階段精益求精。

任何一次超越他人品質的提升，對於企業發展而言，都是獨特的市場競爭力。例如近年來的汽車市場競爭十分激烈，同一價位上，各大品牌汽車總體而言相差甚微，無論是品質、配置和服務方面，所有汽車生產商都具備相同的等級。在這種情況下，各大汽車生產廠家都開始走精益求精的發展路線。現代公司率先推出了一鍵啟動系統，福斯公司開創了低價位汽車的漂亮車型，奧迪公司更新了車內電子產品，各種品牌汽車的更新換代，都說明走精益求精路線是凝聚獨特市場競爭力的主要方法。

3. 明確精品策略制定過程中的重點

首先，制定企業精品發展策略時，老闆不能夠太過主觀，老闆需要在制定策略的過程中，徵求企業內部不同層級管理者的意見。精品是透過大量市場調查，以及同行業產品對比而產生的。

老闆雖然充分地掌控企業整體發展，但是對企業的實際營運特點缺乏足夠了解，象牙塔式的策略規劃常常會帶來很多問題。換而言之，老闆並不能準確地找到企業產業主體在市場中表現精品形象的最佳切入點，如果老闆過於主觀，在制定精品發展策略時，則非常容易出現偏差，從而影響策略方向、出現發展錯誤。

其次，老闆必須對策略發展的市場反應有一定的預知性。在制定策略時，老闆往往會忽略市場環境的變化，從而在制定精品策略時出現諸多不足。在真實的市場環境中，老闆需要提前預測與應對未來發展可能發生的變化，如果老闆將精品策略制定得過於理想主義，很容易給企業發展帶來災難性的影響。

在制定精品策略的過程中，精品是展現在未來市場當中的，因此老闆要對未來的市場進行準確的定位。任何精品策略都必須具備更遠大的目標，只有我們以未來市場為目標，才有可能制定出適應未來發展的精品策略。

4. 市場環境、產業主體與產品特色三者之間需要相互匹配、相互促進

首先，市場環境是制定策略的基礎，老闆需要考慮當前市場的複雜性和未來發展方向，以求發展策略符合市場變化。

其次，產業主體發展路線必須遵循當前市場的發展路線，

第三章　找準市場

以求企業發展過程中利益最大化。而且產業主體必須是企業主體實力的表現,也是企業最強實力的表現,否則發展策略將難以發揮作用。

最後,企業的市場競爭能力大部分依靠產品的特色。只有產品表現出了優秀的品質,以及競爭對手不具備的特點,才能夠達到我們制定精品策略的目的。因此,老闆在制定精品策略時,必須將產品特色作為策略主體。

對於老闆而言,三者之間的關係密不可分,只有我們將市場環境、產業主體,以及產品特色完整地融入發展策略當中,精品發展路線才能夠被確定,良好的發展策略才能夠實行。

利用好「船小好掉頭」的優勢

所謂「船小」,既展現在公司的人數少,更展現在公司的產品線少。也就是我們平時所說的中小企業。

對於中小企業而言,什麼是可以利用的最好優勢?這個問題很難得到統一,因為行業不同,面臨的競爭不同,經營方式也不同,但是毫無疑問,有一點是共同的,那就是這些企業都有一定的靈活性。

根據傳統經驗,中小企業最大的優勢就在於「船小好掉

利用好「船小好掉頭」的優勢

頭」。什麼是「船小好掉頭」？就是指企業雖然小，但正因為小，所以比較靈活，可以更快地做出反應。利用這個優勢，中小企業可以根據大企業的產業趨勢與發展規模，及時靈活地配套、補充自身，在細節上做到必不可少，從而使自己的整個產業鏈更完善。

「老乾媽」一開始也只是一個賣涼粉的實惠小店而已，但是陶華碧能夠根據市場需求，快速掉轉「船頭」，只賣辣椒醬，最終將這個小工廠發展成一家大企業。

身為中小企業的老闆，發展企業最重要的前提，就是利用好自身的「船小」優勢，將著力點放在靈活性上，及時應對市場、調整結構，轉變發展方式，加快自主創新，把解決困難和謀求長遠發展結合起來。

首先，中小企業的規模沒有大中型企業那麼大，也沒有昂貴的成本和巨大的人員負擔，所以在策略選擇上，中小企業的優勢就很明顯，它可以比大型企業更快速地轉變，且轉變過程對企業本身的影響不會太大，還可以更加敏銳地從市場中發現對企業最有利的商機，這就是最典型的「船小好掉頭」。

其次，從投資上講，大企業所面臨的投資風險要比中小企業高得多，而且，中小企業在投資失敗後，所受到的影響與衝擊也要小得多，這樣更有利於恢復企業生產、加快企業發展。

最後，船小是中小企業的優勢，同時也不免有劣勢的一

面。船小自然可以好掉頭，受風險的影響也小，但是，這只是針對小的風險而言。中小企業所承受的風險有限，假如風險太大，很可能就會被打翻。所以，中小企業主要充分挖掘、發揮自身企業的靈活性和敏銳性優勢，在風浪來臨之前，及早掉頭。

在經營中，中小企業是最貼近市場的企業群，它的靈活展現在能夠以最快的速度和更低的成本掉頭，轉變經營方向，去適應變化萬千的市場需求。美國曾舉行過一個活動，在由小企業發展來的大企業中，選擇一百名最強，入選「小公司一百強」的公司中，有很多都是靠提供大型企業不屑生產的產品和服務取勝的，這些事情，大企業不屑，也不能做到。根據自身「船小好掉頭」的優勢，進行精準定位，瞄準市場需求而發展。

選擇合作方，形成優勢互補

某位集團董事長曾說過：「找合作者千萬不要找自己的同學，我們會的他也會，我們不會的他也不會，這是合作的敗筆。做合夥人最重要的是要互補，這才是一個好的合作基礎。我老婆是留學派，我是土包子，所以，完全不一樣，我們就互相看對方的長處。」雖然這句話看似像對自己夫妻關係的一種

調侃,但是我們都看到過諸多強者組合分道揚鑣的事情,讓我們真實地感受連繫合作者之間的重要紐帶並不是友情,而是優勢上的互補。

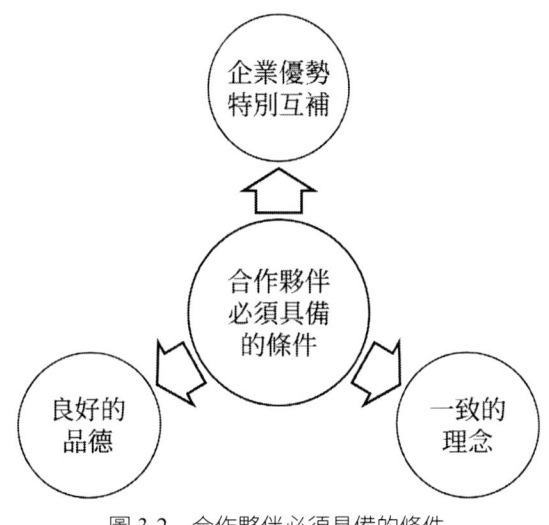

```
        ┌─────────┐
        │ 企業優勢 │
        │ 特別互補 │
        └─────────┘
             ↑
        ┌─────────┐
        │ 合作夥伴 │
        │ 必須具備 │
        │ 的條件  │
        └─────────┘
         ↙       ↘
    ┌──────┐   ┌──────┐
    │ 良好的│   │ 一致的│
    │ 品德 │   │ 理念 │
    └──────┘   └──────┘
```

圖 3-2　合作夥伴必須具備的條件

有很多老闆認為,企業要發展最好是自己當領導者,找合作夥伴必然會出現諸多麻煩,不僅會影響到合作雙方的關係,還會影響到企業發展的成敗。但是我們有沒有想過,既然合作有諸多害處,為何還有很多的人選擇合作的方式發展呢?

因為,合作對於企業發展而言是一種必要。無論企業多麼強大、老闆個人實力多麼深厚,也一定會存在薄弱之處,而且這個薄弱之處會一直影響企業的發展。而合作方式卻可以發揮

第三章　找準市場

合作雙方各自的優勢，透過共享資源，降低發展過程中的風險。想要達成這種效果，唯一的前提就是找對「合夥人」。

在成立公司後，「老乾媽」也需要找一個人輔佐自己，雖然與「老乾媽」合作的是她自己的兒子，但拋卻李貴山的身分來看，他們之間就是一種優勢互補的關係。陶華碧不認識字，沒有學識，思考有限，但是李貴山上過學，有知識，他們正好是一個有閱歷沒有知識，一個有知識沒有閱歷的組合，所以「老乾媽」才會有這麼大的成功。

那麼，如何尋找優勢互補的合作者呢？其實很多老闆遇到不少合作機會，但是對於老闆自身而言，首先，自己不願意接受能力高於自己的合作者；其次，不願意接受脾氣不和的合作者。這就導致老闆往往會在自己的交友圈內尋找能力相當、脾氣相投的人進行合作，實際上，這種合作原則完全背棄了優勢互補的原則。

身為老闆，我們一定要明白一個道理，合作雙方可以被稱為一個團隊，而團隊中每一個成員各司其職，發揮自身優勢，才是最好的發展方式。

除了優勢互補合作，老闆也需要處理好很關鍵的一點，也就是利益分配。

大多數合作企業失敗的主要原因，在於合作初期沒有分清楚利益點，等合作效果出現，利益增加之後，衝突便產生了。

合作代表著雙方增進了彼此的關係,加深了感情程度。但是無論合作雙方關係如何改變,都不應該對利益分配產生影響,在合作初期清楚地分配利益,是確保合作長期穩固的重要保障。

同時,老闆們也要為合作做好充分的心理準備,並非所有合作都可以在最短時間內發揮最大的效應。合作不僅會為企業彌補不足,同時也會帶來摩擦與影響。老闆們一定要具備這種抗壓性,做好承擔壓力和磨難的準備,擁有足夠強大的「逆商」,這樣合作才能長時間發揮作用。總體而言,選擇的合作夥伴必須具備以下三個條件:

1. 合作者自身具備良好的品德

合作雙方都必須具備理解、包容、信任對方的品德,不會因為磨難產生任何抱怨,反而會互相鼓勵。合作雙方具備同舟共濟的態度,即使合作未能達成預期的目標,也不會影響關係,而且期待第二次合作,再創輝煌。

2. 發展理念一致

合作雙方對企業發展有著一致的觀念,對於企業產品定位、應對市場競爭的方式,以及主題營運策略等問題都保持相同的發展想法,只有這樣的合作夥伴才能夠幫助企業增添動力,將合作項目運作起來。

第三章　找準市場

3. 優勢必須互補

合作的最終目的，是藉助合作夥伴的力量彌補自己的不足，因此，老闆必須深入研究合作夥伴的企業，總結對方的優勢是否能夠彌補自己的缺點，自己的優勢是否會對合作夥伴帶來影響，同時具備了這兩點要求，才可能產生良好的合作。

與大企業綑綁，打造聯合優勢

企業藉助合作模式的力量可以獲得快速的發展，那麼，什麼樣的合作模式可以最大化地提升企業的發展速度呢？在優勢互補的合作前提下，自然是實力雄厚的企業可以更有力地帶動我們發展。

很多老闆都期望企業在發展過程中，可以找到一個實力雄厚的合作者，但是往往實力雄厚的企業根本看不上發展過程中的「小傢伙」，老闆想要「攀高枝」，無奈「枝」不讓攀。

其實，「攀高枝」需要講究策略，很多大型企業對一些發展態勢良好、具有無限潛力的小型企業採取了主動的態度，「大小不一」的合作證明了小企業完全有可能與大企業共同發展。

老闆想要帶領自己的企業找到強大的合作夥伴，就一定要

找準最恰當的突破口打動對方,或者吸引對方與自己合作。往往有些老闆在與大型企業談合作時,喜歡誇大其詞、故弄玄虛,其實這種做法是錯誤的。因為自己企業的真實實力可以透過調查得知,我們為了拉近與對方實力的距離而採取的虛張聲勢,最終會成為一種無誠信的表達。

事實上,對於中小企業而言,與大型企業進行合作往往有三種形式:

(1) 用自己的發展策略吸引對方,將大公司投資的視線吸引到自己身上。

(2) 為大企業提供配套裝務,彌補大企業的不足。

(3) 發展路線與大企業相符,徹底被大企業收購。

這三種小配大的合作模式中,除去第三種以外,其他兩種都是與大型企業合作的突破點。

首先,老闆要做好充足的準備工作才能開始尋求合作。在這裡,我們需要注意一個問題,就是很多中小企業老闆在與大企業溝通時,喜歡直接面見高層。

事實上,這種唐突的溝通方式往往無法帶來良好的效果。我們可以進行換位思考,大企業的老闆面對一個陌生的合作者時,單憑我們的表達,很難贏得對方的信任。因此,與大企業初步溝通時,面見的人級別越高,失敗的機率就越大。

因此,我們需要選擇一條相對穩妥的溝通道路。首先到大

第三章　找準市場

企業的業務拓展部門,以正規流程去洽談合作。在這一步步洽談當中,我們也可以對合作者進行深入了解,並且思考出對方的最大需求,尋找更深的合作突破口。

不過,很多老闆認為與大企業的部門主管進行洽談有失身分,在這裡,我們要明白兩個問題:第一,兩者之間的合作從出發點而言,本身不是平等的,因此我們無須過於糾結等級的差別。微軟創始人比爾蓋茲(Bill Gates)說:「在你成功之前不要談尊嚴,大公司不會不給你尊嚴,而且,你需要花費更多的時間與之溝通。」第二,雖然對方只是業務拓展部門的主管,但是他與公司高層的溝通比我們直接溝通更有分量。換而言之,我們能否與對方進行合作,該公司的業務部門主管有著決定性的作用。

當我們可以與對方業務部門主管保持順暢的溝通時,則代表我們已經找到了對方的突破口,隨著相互了解的加深,我們可以深入洽談合作。

中小企業與大企業深入洽談合作非常簡單。大企業的出發點是雙方之間的合作是否能直接、有效地刺激大企業某一方面的發展。針對這種情況,我們可以進行逆向深入洽談,先分析大企業的市場使用者,從市場中滿足大企業的需求。

比如,某些大企業就技術而言,實力相當雄厚,但是相應的,對市場了解不足,雖然商品好,卻不能有效地快速打入市

場。而這對於長期在市場中奮鬥的中小企業而言，則是一種優勢，因為我們主打市場經營，充分了解市場，熟悉於如何短時間內組建良好的市場營運機構，了解到這一點，雙方的合作就可以達成初步的一致。

中小企業的老闆一定要明白這個道理，任何一家企業都具備它獨特的優勢，任何一家企業也必定存在其無法彌補的不足，正如小型企業擁有獨特的市場適應能力，大型企業必然存在某種需求不足，當我們可以同時抓住這兩點時，合作便一片明朗。

中小企業的老闆要擁有長遠的眼光。當我們與大企業進行合作時，對方所占的利益份額必定很大，甚至與我們最初的合作意向存在較大出入，這時，身為老闆不應該將眼光放在當前利益上，而是要思考自己的企業日後可以獲得怎樣的發展。

老闆的商業頭腦測試

表 3-1　老闆的商業頭腦測試

1	一位老闆花 10 元買了一隻雞，11 元賣了出去，但是老闆覺得賺的錢有點少，於是花 12 元買了回來，又 13 元賣了出去，那麼這個老闆一共賺了多少錢？

第三章　找準市場

2	家具一條街中的一位老闆遇到了難題,自己產品品質好,所以銷量好,這時身邊幾家競爭對手都採取了產品降價的銷售策略,共同針對這位老闆,這時老闆需要採取的策略是什麼? (1) 一同降價穩保市場 (2) 寧死不屈,我行我素 (3) 不僅不降,反而漲價
3	小企業相較於大企業最大的優勢與缺點是什麼? (1) 小企業相對於大企業沒有優勢 (2) 小企業最大的優勢在於「小」,沒有缺點 (3) 小企業最大的優勢在於「小」,缺點在於受大企業制約

計分方法和分數解釋:

第一題正確答案為兩元;

第二題正確答案為:不僅不降,反而漲價(因為對於這家老闆而言,這是一個樹立高階品牌、開拓獨立市場的最佳機遇);

第三題正確答案為:小企業最大的優勢在於「小」,缺點在於受大企業制約。

僅答對一道題的老闆缺乏全面的商業思維,答對其中兩道的可以算作合格,三道題都答對的老闆擁有敏銳的商業頭腦。

第四章
組建團隊

　　很多人認為,老闆是企業的代表,所以老闆自身擁有強大的力量。其實,老闆在企業面前是非常渺小的,因為企業才是老闆展現價值的方式。打造一支強大的核心團隊是每一個老闆的夢想,然而,並不是所有老闆都可以圓滿地實現夢想,獨裁統治、一盤散沙的家族企業等,這些成了阻撓老闆組建團隊的障礙。

第四章　組建團隊

「獨裁」是如何倒下的

黃老闆是「泥人」行業中出名的大老闆。近幾年來，黃老闆的泥人加工廠越辦越大，隱隱有了領先者的風範。

黃老闆將「泥人」推廣到了各地，他被當成明星企業家，對地方文化傳播有傑出的貢獻。這幾年來，黃老闆連續受到各界嘉獎。

雖然黃老闆對社會的貢獻多，但是他的口碑卻不是很好。這並不是因為黃老闆經營的泥人產品存在什麼問題，而是因為他個人的臭脾氣。隨著企業越做越大，如今已是千萬富翁的黃老闆整天擺出一副「皇帝」的架勢，盛氣凌人、高高在上，讓很多人對其產生了牴觸情緒。

也曾有人勸導過黃老闆，他的一位摯友就曾對他說：「我說老黃啊，我們沒必要整天擺著個架子，對誰都盛氣凌人的，你看工廠裡的這些員工，都是跟隨你多年的老兄弟了，沒必要動不動就發火、時不時吼兩聲。」

然而黃老闆卻不在意，黃老闆說道：「我這人的脾氣從小就這樣，你又不是不知道。再說了，身為老闆沒有點威信怎麼管理企業？當年我就是這樣起家的。我要求嚴格，但是我的企業待遇好，你看看有誰比我的企業薪水高？想要拿高薪，就一定要聽我的話，不然憑什麼拿我的錢？」

多個朋友的勸說無果後，大家便不再提及此事。沒了朋友的指點，黃老闆的脾氣越來越暴躁。如今，他每天的主要工作便是到公司中罵人，而且動不動就拍桌子發脾氣。有一次公司內部開技術研討大會，兩位技術工程師因為觀點不同，展開了激烈的討論。黃老闆比較看好其中一方，但是另一方的觀點似乎更可行，這時黃老闆就開始發脾氣了。他站起來對另一位工程師吼道：「你是老闆還是我是老闆，我說了這套方案可行，你還反駁什麼？老老實實收回你的意見，馬上執行我的方案。」

黃老闆一番吼叫之後，下面所有人都不再出聲。被罵的工程師倍感心寒，自己與同事爭論也是對事不對人，為了幫助企業更好的發展，可惜好心沒好報，自己還被黃老闆當眾羞辱了一番，沒過兩天，這位工程師辭職離開了。

可是，黃老闆卻絲毫不把這當一回事，依舊我行我素。黃老闆想：「人走了就走了，我就不信這麼高的待遇，還找不到合適的人才。」

可惜，一切遠沒有黃老闆想像的那麼簡單。這位工程師走後，並沒有到其他企業求職，而是決定自己創業，依靠自己的實力證明給黃老闆看，他的觀點才是最正確的。

這位工程師首先找到了自己的兩位徒弟，詢問他們是否願意和自己一起創業。

第四章　組建團隊

　　由於黃老闆的臭脾氣，企業內部的員工早已沒有任何忠誠可言。工程師的兩位徒弟見師傅願意創業，便毫不猶豫地選擇了辭職投奔。這三人曾經算是黃老闆企業當中的重要人物，對企業運作的流程、方式以及市場模式了解得很透澈。

　　三人準備了一段時間，很快便將自己的小工廠發展成為了正規企業。雖然規模不大，但是發展速度驚人。這家企業出現後，黃老闆仍舊不當回事，他認為自己才是財大氣粗的業界霸主，像這種小螞蟻，是吞不掉自己這頭大象的。

　　可是這種想法剛剛閃過，黃老闆就發現了一個奇怪的問題。最近一段時間內，企業內部員工流失率大大增加了，很多員工莫名其妙地選擇了辭職。為此，黃老闆還上調了薪水，但是仍舊未能制止這種勢態。經過調查，黃老闆發現流失的員工全部都進入了這家剛剛發展起來的企業，這時，黃老闆才感覺到了一定的危機。然而，黃老闆仍舊沒有意識到問題大部分來源於自身，而是開始思考對方究竟提供了怎樣優厚的條件，才促使許多員工跳槽的。

　　黃老闆透過調查發現，對方企業開的薪水並不如自己，而且勞動強度不比自己的企業輕鬆。但是對方卻無比的團結，而且好像完全是在針對自己。對方企業推出的很多產品對自己的發展有著很大的制約。

　　了解了這些情況之後，黃老闆決定開始反擊。

首先,黃老闆決定成立一個專案小組,專門用來分析對方的各種產品技術,並針對對方的優勢制定反擊方案。

其次,黃老闆又一次提升了企業內部的員工待遇,但是同時也增加了工作壓力。黃老闆下達了強制命令,這次一定要把這家企業打垮,否則誰也沒有好下場。

最後,黃老闆不忘利用一下自己獲得的各種榮譽,對外開展了許多市場活動,例如「明星企業大放送」、「文化傳播走四方」等,力求可以保障當前的市場不縮水。

可以說黃老闆這次投入了大資本,就是為了穩固自己的「皇權」。但是歷史上沒有哪一位專政的「皇帝」可以得到好下場,黃老闆自然不會例外。

雖然黃老闆成立了專項技術小組,詳細地分析競爭對手的各種產品技術,但是,競爭對手同樣清楚地了解自己的各種情況。這就使得對方的很多技術都是超越自己、短時間內無法彌補的。

而且,黃老闆這次的大投入在內部並沒有產生大效果。很多老員工認為薪水提高就代表自己要挨更多的罵,黃老闆的這個政策根本沒有帶來內部激勵作用,只是單純地增加了公司內部壓力。因此,很多員工都十分被動,黃老闆的技術小組也沒有帶來反擊作用。

黃老闆的名聲雖然響亮,但是他的臭脾氣也十分出名。市

第四章　組建團隊

場活動雖然開始進行了，但效果甚微。消費者對黃老闆推出的各種噱頭根本不感興趣，因此市場活動反應並不大。

各種打擊讓黃老闆徹底暴怒了，從決定反擊開始，已經過去兩個星期，不僅沒有帶給競爭對手任何衝擊，自己的市場反而不斷縮水。黃老闆在辦公室內大發雷霆，指著副總經理的鼻子大罵：「你是幹什麼吃的，有沒有長腦袋，這個活動做成現在的樣子，丟不丟臉？」

然而，黃老闆的副總經理這次卻沒有任何愧疚的表情，甚至對著暴躁的黃老闆保持微笑。黃老闆對副總經理的表現感到莫名其妙，便停止了吼叫，奇怪地看著對方。看到黃老闆安靜下來，副總經理和其他幾位主管紛紛拿出一封信，放到了黃老闆的辦公桌上。幾個人沒有再說什麼，轉身離開了黃老闆的辦公室。

黃老闆癱坐在沙發上不知所措。不用想，辦公桌上放著的必定是幾人的辭職信。這位「皇帝」此時面對著空無一人的「朝廷」陷入了沉思，多年來的順利發展讓他一直未曾好好地審視過自己，而此時黃老闆才意識到一些被忽略已久，卻決定自己生死的問題。

用最合適的人,而不是最優秀的人

　　企業發展需要多樣化的團隊,團隊中包含各種不同類型的人才,充分發揮這些人才的長處,才能應對企業發展過程中的諸多變化。「知人善任」是老闆用人的核心,是老闆領導企業的重要工作與責任。老闆不應該將選人、用人這一重要工作完全託付給人力資源管理部門承擔。人才應徵、培育和選拔的確是人力資源部門的工作,但是,如何將人才放在最合適的職位上卻是老闆應該思考的問題。

　　「賢者在位,能者在職,才得其序,績之業興。」老闆要懂得辨識企業自身發展對人才的需求,從而建立內部人才分配機制。

　　老闆的用人思維絕對不能固化。因為在現代社會,學歷不等於能力,而只是能力的參考,老闆要學會將員工能力最大化,學會創造只屬於自己企業的人才。

　　比爾蓋茲曾說:「當一個人為生存發愁時,就開始激發自己的潛能,創造性思維也從這一刻開始誕生。」比爾蓋茲堅信這個用人選擇,因此他經常從當前行業中挖掘一些工作能力出色,但是公司經營失敗的人才,並在最恰當的時機將他們應徵過來為微軟效力。比爾蓋茲還曾說過這樣一句話:「微軟一直在尋找自己需要的聰明人,而聰明人的含義又很特別。」被微

第四章　組建團隊

軟公司錄用的人才在分配職位時，會經歷一次非常奇特的測試。比如隨便給出一組數字，讓剛入職的員工用最短的時間，透過加減乘除運算得出結果，或者會提出全世界擁有多少個加油站等類似的問題。雖然這些問題看似非常奇怪，但是對於考察一個人的分析能力、困難應對能力有著良好的判斷標準。

老闆恰恰需要按照這個標準來使用人才。往往履歷上可以看出的，只是一個人的表面，而最具創造性的人才很難從常規選人方法去發現。普通人力資源選取制度只能對人才進行最簡單的判斷，如果老闆將這個制度作為用人標準，則會對企業發展帶來一定的阻礙作用。

事實證明，絕大多數的重要人才，正是出自企業的內部，而這些人才的成長與提升都離不開企業的發展，可以說這些人才已經和企業融為一體。如果失去了企業，這些人才的能力將大打折扣。因此，老闆要在企業中建立一套發現人才和培養人才的機制，否則，即使是天才進入企業，沒有合適的才能發揮環境與空間，也會被迅速埋沒。

高薪引進的人才失去了原有的價值，對於老闆而言，不僅僅是一種損失，而且是一種失敗的表現。企業也正是在這種失敗的領導方法下，走向沒落的。人才選取和錄用不僅僅是一種管理工作，更是領導力的展現。巧妙地選用人才、合理地分配人才和高效地培養人才，提供人才發展的優良環境和文化，是

老闆的一項重要領導職能。

正如黃老闆的失敗,高薪聘請的工程師不僅離開了他,而且徹底將其擊敗,這已經不再是老闆的失敗,而是一種悲哀。老闆學會選人、用人,已經成為一種企業生存的基本保障。

讓每個人各得其所,培養團隊精神

企業是由多個相互依賴、共守承諾,且有共同原則、共同願望的個體組成的。不同的是這些個體可以透過共同的努力,互補缺陷,實現更為遠大的目標。透過老闆的溝通、指引,相互之間的合作與承擔,產生出群體的合作效應,從而獲得比個體成員績效總和強大很多的收穫。

然而,並不是所有企業都可以實現願望,有些企業甚至隨著人員的增加,卻呈現整體實力衰退的趨勢。原因非常簡單,團隊是人與人之間的組合,而如果團隊成員未能找到合適的位置、未能培養出應有的團隊精神,那麼,這支團隊中必然會出現更多的負面效應。

第四章　組建團隊

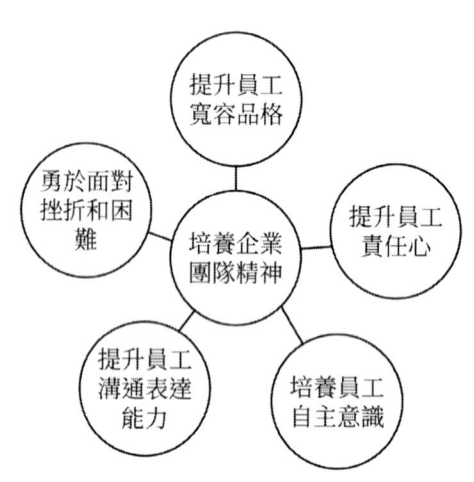

```
        提升員工
        寬容品格

勇於面對              提升員工
挫折和困    培養企業    責任心
難          團隊精神

    提升員工          培養員工
    溝通表達          自主意識
    能力
```

圖 4-1　老闆培養企業團隊精神的方法

黃老闆的企業在最初發展階段十分強大，因為團隊之間的配合默契十足，但是，隨著企業發展，黃老闆帶給企業的負面影響不斷加重，最後，黃老闆自己成了壓垮企業的最後一根稻草。所以，我們可以說老闆自身在企業當中有著極為重要的影響，老闆不僅僅是領導者，還是企業內部運作的調控裝置，培養企業內部團隊精神，讓每個人各得其所，是老闆帶領企業發展最好的方法。

相信很多人都聽過這樣一則故事：南非生活著一種大螞蟻。這些大螞蟻為當地的居民帶了諸多苦惱，不僅僅糧食被偷吃，這些螞蟻咬人後還會傳染疾病。然而，這些螞蟻卻非常受人尊重，因為牠們比人更懂得團結。曾經有人找到過一個非常大的螞蟻窩，於是這人找了很多乾草，將螞蟻窩的幾個出口圍

住，並點燃了乾草。

窩裡的螞蟻受不了不斷升高的溫度，紛紛爬出洞外，然而，洞外一個更大的火圈讓它們不知所措。正當圍觀的人都以為這群螞蟻會被燒死時，一個意外的情況發生了。當蟻后爬出洞外後，其他所有螞蟻以蟻后為中心，迅速扭成一團，一個大型的螞蟻球出現了。隨後，這個螞蟻球開始向火圈外滾動，雖然當時的火很大，外層的螞蟻被燒得「噼啪」作響，但是這個螞蟻球卻沒有絲毫的停留，最終滾出了大火圈。

在留下外層一堆屍體後，裡面的螞蟻保護著蟻后迅速逃離了，圍觀的人們也未曾繼續為難這些螞蟻。因為，大家看到了一種在人類社會很難看到的團隊精神，並被這種精神所震撼。

老闆想把自己的企業打造得如南非大螞蟻一般團結牢固，需要採取正確的領導方針和領導策略。

首先，作為企業的領導者，建立一種有效的監督和約束機制，對於企業發展而言非常有必要。

其次，老闆還需消除企業內不必要的工作界限，加強培養員工整體的合作精神。利用一種「分工不分家」的方式幫助員工養成一種團隊合作的工作習慣。

再次，老闆要對團隊成員表現出充分的信任。讓每位員工都能擁有充足的空間，在破除個人主義、自大傲慢心理的基礎上，將團隊成員的力量最大化凝聚。

第四章　組建團隊

最後，老闆還需要為員工營造出更和諧的工作環境，讓每一位員工學會包容、尊重自己的工作夥伴，使全體員工產生團結感，樹立共同目標，在這種基礎上，增強企業整體的凝聚力。

此外，老闆不僅僅要從自己的角度出發，還需要從員工的角度思考如何培養員工的能力、品格，令員工各得其所、各司其職。

1. 提升企業內部員工的溝通表達的能力。

對於企業發展而言，老闆僅僅提升個人的溝通能力是不夠的，只有企業內部每一個員工都可以良好地表達、暢達地溝通，才能獲得優異的工作成績。

好比目前絕大多數企業在應徵人才時，都會給每一位應徵者幾分鐘表達時間，在有限的時間裡，更好地推銷自己，正是考驗員工的溝通表達能力。以往的企業員工培養文化中，強調「行勝於言」，說再多話不如做一些實際的事，然而，很多管理者和員工都誤解了這句話的意思，「行勝於言」並不是要求員工少說話，多做事，而是少說廢話，多做好事。如果員工有好想法、好建議可以加速企業發展，應該盡快讓身邊的工作夥伴和主管了解，這種做法才是提升團隊合作精神、為團隊貢獻的表現。

2. 培養員工的自主意識。

企業當中,不僅老闆想獲得成功,每一位員工都有成功的渴望,然而,老闆明白成功是靠努力獲得的,而依靠企業生存的員工卻不會及時感覺到這一點。很多員工認為自己的成功是企業附帶而來的,自己的力量對於一個企業而言非常渺小,因此無須太過主動,只需跟隨企業發展便可。

針對這種情況,老闆一定要讓員工明白,只有企業內部每一個人都提高自己的主動性,企業才會更快地獲得成功,團隊共同的願望才會實現。如果我們只會被動地等待別人告訴自己應該做什麼,那麼我們就無法得到自己想要得到的一切。

3. 提升員工的責任心。

幾乎所有的企業都會要求員工具有強烈的責任感。只有把自己的工作當作責任,員工才可能全心全力地完成自己的工作,有責任心的員工更會發揮自己的才能,為團隊整體的發展提供更好的意見,指引更明確的發展道路。

4. 培養員工寬容大度的品格。

成功的團隊並不是僅僅依靠團隊成員個人實力的,更依靠團隊成員之間是否擅於合作、是否擁有寬容大度的品格。在團隊中,如果有人固執己見,不懂得求同存異,那麼此人即使個人能力再強,也會為企業發展帶來阻礙。

因此，老闆需要培養員工寬容大度的品格。團隊中的每一位員工都有自己的長處和不足，如果有人過於重視對方的不足，而忽視對方的長處，則證明此人缺乏寬容大度的品格、缺乏團隊合作精神。培養求同存異的工作素養、與人相處的良好心態，是培養團隊精神的關鍵。

5. 培養員工面對挫折與困難的勇氣。

一支堅強的團隊、一個強大的企業必然要具備面對各種挑戰的勇氣。如果老闆過於注重打造團隊內部修養，而忽視了團隊整體的抗打擊能力，那麼團隊在困難面前也會變成一盤散沙。

團隊無須過於和諧，在不影響感情、原則和共同利益的基礎上，團隊之中可以出現矛盾，老闆也可以鼓勵這種矛盾的出現，但是老闆還需要求矛盾雙方共同解決困難，接受挑戰。只有團隊整體具備了這種挑戰精神，團隊精神才會更加強烈。

「獨裁」是扼殺團隊的毒藥

黃老闆就是企業中獨裁的代表人物。獨裁的性格、衝動的表現，種種作為讓這位「專政」的老闆成為失敗的典型。

```
獨裁管理的後果 ⇒ 員工表裡不一
              ⇒ 企業缺乏發展動力
              ⇒ 企業文化落後
```

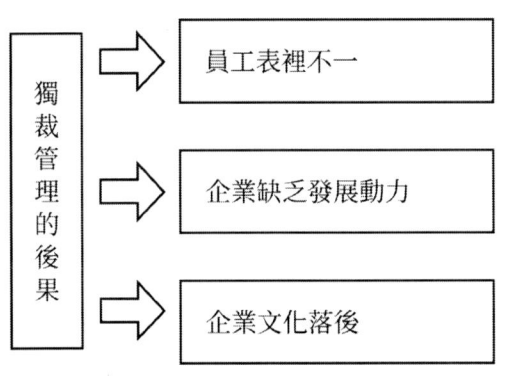

圖 4-2　獨裁管理的後果

有些領導者認為獨裁型的領導風格可以加強自己對企業的控制力度，的確可以在企業發展的初期階段展現出獨裁型領導者風格的優勢，然而，隨著企業的發展，獨裁領導者會漸漸成為扼殺團隊的毒藥。

1. 獨裁型領導者造就員工表裡不一

在獨裁領導者的模式下，企業員工想要生存，就必須如同舊朝時代的臣子一般，對領導者表面上畢恭畢敬，而私下各持己見。這種領導方式埋沒了太多人才，尤其是對於一些性格剛強的員工而言，無法做到表裡不一，乾脆直接辭職。

有些老闆認為只要我付出高薪，就一定會有人才為我所用。其實不然，也許有人會被高薪吸引，但是獨裁型老闆很難看出企業人才的真正所在。簡單地說，獨裁型老闆很難得知員

第四章　組建團隊

工是否真正對企業忠心,所有員工表面上的尊重只會對老闆造成假象,削弱老闆對企業的了解。

正如黃老闆企業中的員工,很少有人會向黃老闆表達真實想法,稍有不慎,便會如同那位持反對意見的工程師一般,慘遭羞辱。

2. 獨裁型領導者造成企業缺乏發展動力

獨裁型領導者底下的員工,不需要、更不知道如何自主幫助企業發展,大多數員工只會認為遵循老闆的指引工作即可。這就產生了一個重要的問題,企業在呼喚創新,但是在獨裁領導者底下的員工不知道什麼是創新,也不敢有創新。因為老闆的獨裁意識已經在員工心中形成了陰影,創新一旦出現差錯,或是與老闆指引的發展方向出現偏差,那麼便是「謀朝篡位」的死罪,因此獨裁型企業中的創新是微乎其微的。

3. 企業文化落後

目前,絕大多數企業都在醞釀、打造自己的企業文化。企業文化必須符合自己的企業發展特色,並讓員工從內心接受。然而,獨裁型老闆制定的企業文化卻與企業、員工沒有絲毫關係。大多數獨裁型老闆制定的企業文化只是從個人角度出發,員工根本無法理解和接受。

然而,這種「奇葩」的企業文化,老闆卻會強制要求員工

們背誦，如此一來，企業文化便成為員工心中的負擔，在企業發展過程中成為引發負面情緒的主要因素。

企業文化好比企業的靈魂，而老闆一個人的獨裁思想是無法在員工大腦中產生任何主動意識的。因此我們可以斷定，大多數獨裁型老闆制定的企業文化都是落後、不切合實際的。

在市場上遭受獨裁領導方式毒害的企業並不在少數，目前獨裁型領導已經成為遏止中小企業成長的主要因素之一。

某位成功企業家在接受採訪時，就曾針對這個問題做過明確的回答：「很多中小型企業並不是無法長大，而是領導者自己將企業扼殺了。如果一位領導者永遠都認為自己是企業的核心，是企業的支柱，是企業發展的唯一能源，那麼，這樣的企業也只會隨著領導者的想法深化而走向失敗。

領導者追尋的領導境界應該是企業自主發展、企業自動發展。離開領導者企業還可以完美地運作，這才是可以持續發展的企業。而卻有太多領導者在害怕企業擁有這樣的實力，認為企業具備了自主意識便脫離了領導者的掌控，從而過分遏制企業。這種由古至今慣有的領導方式已經殘害了太多企業。」

身為老闆，我們一定要明白這個道理，並非是企業長不大，而是獨裁的壓制導致了企業的滅亡，太過專政、太過強勢的領導方式只會為企業帶來災難，一個民主、開明的老闆才是企業的優秀領袖。

第四章　組建團隊

家族團隊很可能是一盤散沙

目前在市場上，有著大量的家族式企業，家族企業的確有著特有的企業優勢：

1. 創業初期可以保持低成本高效率的運作。在創業初期，家族企業可以憑藉家族成員之間的關係，迅速形成一個有效的團體。不僅僅是團體成員本身可以發揮最大實力，家族成員相關的社會資源也可以被充分共享，團體能夠以低成本方式運作很久，並且迅速聚集創業資本。由於團隊成員之間關係緊密，且擁有共同利益和目標，所以可以保持一致的奮鬥熱情，這是很多企業在創業初期最缺乏的競爭優勢。

2. 家族企業更方便企業內部運作調動。由於家族企業有明確的輩分等級，親屬之間長幼有序，如此一來，級別便十分明確，企業內部運作也容易協調，即使是矛盾發生，長輩對矛盾的調節能力也遠大於單純的管理者。

3. 家族企業團隊成員之間具備更深厚的信任程度。由於血統與親情關係，家族企業成員之間的信任及了解程度要遠高於其他企業。如此一來，家族企業成員的團結程度都高於其他企業。

4. 家族企業擁有更高的決斷力。由於家族企業是從家族利益出發，因此企業發展過程中，團隊成員的一致性要高於企

業，由此形成了內部決策過程短、速度快的優勢。

雖然家族企業擁有如此多的優勢，然而，我們可以看到的大型家族企業並不多，如同鴻海集團成功的企業更是屈指可數。那麼，是什麼原因導致了這種現象呢？正是因為家族企業也存在其他企業不具有的弊端。

1. 家族企業內部成員很難容得下外部人才。在家族企業當中，親屬成員的地位以及信任程度遠遠大於外部人員，這種現象直接導致了企業內部分配不公。這種不公平的對待主要展現在三個方面：

（1）薪酬待遇不公。家族成員擁有更高待遇和薪酬。

（2）職位等級不公。家族成員可以更輕鬆地獲得高職位。

（3）勞動強度不公。家族成員可以獲得更輕鬆的工作，而繁重複雜的工作往往是由非家族成員完成的。

由此可見，在家族企業中，家族感情不僅僅是財富，同時也成為家族企業吸引人才的障礙。在家族感情驅使下，很多家族企業出現了特權領導、特殊員工，從而使得家族企業難以擁有明確的企業制度，或者這些制度只是單純在針對外部員工。

2. 隨著利益增加，家族企業內部矛盾更新。對於家族企業而言，最難做好的正是利益分配。在創業初期利益獲得階段，這一問題還不會被突顯，但是隨著企業發展，利益增加，這一矛盾則會不斷更新。

第四章　組建團隊

很多家族企業最終的結局是由於內部分裂，導致最終失敗。而這正是利益與親情交集之後，產生了難以調節的矛盾。對於家族企業而言，這是一種通病，也是一種重大隱患。

3. 企業發展過程中負擔加重。企業是一個任賢為能、庸者淘汰的團隊組織。然而，對於家族企業而言，不僅僅難以做到任賢為能，庸者淘汰也成為難題。家族成員中出現一些阻礙企業發展，或者在企業中難以發揮作用的員工，受到親情與血緣關係的影響，很難及時去除，隨著企業發展，這種負擔不斷增加，最終將成為一種發展阻礙，而且容易引發內部隱患。

4. 企業當中越權現象嚴重。很多家族企業受家族輩分影響，在企業中很難分清級別，由此便出現了太多越權行為。尤其是一些家族中的長輩，利用特殊身分干預部門主管工作，動輒以家族的利益為名義越權管理，由此一來，領導系統很快便會陷入癱瘓狀態，企業發展過程混亂不堪。

5. 企業資產受到侵害。大多數家族企業成員喜歡以主人自稱，隨後將一些企業的資產透過非常手段占為己有。這種現象不僅會導致企業發展受阻，還會引起惡性循環，甚至導致企業虧損。

日本領導學大師稻盛和夫曾講過這樣一則故事：日本有一家著名兄弟企業，這家公司由哥哥辛苦開創，弟弟畢業之後被哥哥高薪聘請到公司內部做主管。弟弟工作期間內表現出色，

為公司帶來了很大幫助。

有一次，哥哥私下花重金購買了一支鋼筆，作為弟弟辛勞付出的回報贈予弟弟。也正是這天，弟弟在哥哥辦公室內看到了一個精美的筆記本，弟弟非常喜歡，在哥哥不知道的情況下帶出了公司。

第二天剛剛上班，弟弟就接到董事會通知，自己被開除了，而被開除的原因正是私自將公司財產占為己有。其實，在這家公司當中，這兄弟二人的親屬員工非常多，然而，公司內部人士卻極少知道這種狀況，因為作為董事長的哥哥將這些家族親屬看作普通員工管理。

家族企業在當今市場上是一個特殊類型，這種企業最初的發展優勢隨著企業發展會不斷發生變化，如果老闆不能及時意識到這種變化的發生，不能及時轉變自己的領導方式，不能去除家族企業的諸多弊端，那麼，家族企業最終也只會是一盤散沙，難成大器。

第四章　組建團隊

老闆的團隊戰鬥力測試

表 4-1　老闆的團隊戰鬥力測試

序號	問題	從不	偶爾	經常
1	和下屬一起開會的時候，你是不是說話最多的那個人	0	2	1
2	在對外的活動上，你是不是總想表現得高高在上	2	1	0
3	你有沒有耐心花時間解決團隊內部發生的矛盾	0	1	2
4	你願不願意為了下屬改變自己	0	1	2
5	在企業進入特殊時期時，你願不願意以身作則，衝鋒陷陣	0	1	2
6	你會不會左右下屬的想法	2	1	0
7	在下屬犯了嚴重的錯時，你能否控制住自己的情緒	0	1	2
8	你能不能容忍不服從你，但是對企業忠心的員工	0	1	2
9	你能否給予下屬合理範圍內最大的自由	0	1	2
10	你是否會嚴格按照制度管理企業	0	1	2

計分方法和分數解釋：

滿分為 20 分，根據自己的答案對比分數。

分數大於等於 14，表示領導者具備了一定的管理能力，能激發團隊的戰鬥力；分數在 8 到 14 之間代表領導者還需要加強鍛鍊學習；分數小於 8，代表領導者阻礙了團隊戰鬥力的發揮。

第四章　組建團隊

第五章
定好制度

　　制度是什麼？既是老闆領導意識的展現，也是企業運作的規範。制度是企業發展的安全保障，是老闆領導力的形成因素。有制度才能有發展，如何建立、完善、實施企業制度，是老闆必須要做的事。

第五章　定好制度

總吃回扣的員工

「這是一個行銷的年代,有能力的銷售者可以把假貨的銷量賣得比正品大;有能力的銷售者可以把市場掌控得井然有序;有能力的銷售者可以比老闆賺更多的錢!」這句話是牛老闆經常教導員工的一句話。

牛老闆的這個商業理論的確為企業的發展增添了不少動力。在牛老闆的公司裡,銷售人員占到了全公司總人數的六成,因為牛老闆認為企業發展的關鍵取決於市場,市場開啟了、站穩了,企業發展就穩定了。

牛老闆重視銷售,而且大力倡導各種促銷手段。在公司中,銷售人員的業績提成是行業內最高的。只要銷售人員將產品推銷得好,牛老闆十分願意與銷售人員均分利潤。

近幾年來,牛老闆的公司發展得十分順利,××卡業務已經與各個產業達成了合作關係。無論衣食住行,只要有××卡在手,都可以享受優先接待、消費打折的待遇。××卡成為了市場中十分搶手的商品,牛老闆的名聲也已經人盡皆知,家喻戶曉。

不過,近一個月以來,牛老闆卻越來越不安。最近的銷售業績直線下滑。公司雖然保持著盈利,但是市場卻在不斷縮水。為此,牛老闆也曾與業務部門主管溝通過幾次,銷售主管

說這是由於最近出現了很多競爭對手，導致發展暫時受阻，但是，牛老闆心中總有一種揮之不去的焦慮，他覺得事情絕對沒有想像中的那麼簡單。

經過多次考慮，牛老闆決定親自市場調查，只有深入市場，才能夠發現問題的真正所在。

首先，牛老闆購買了一個新的手機門號，用這個門號撥打了公司的銷售熱線。電話接通後，牛老闆首先問道：「您好，請問這裡是××一卡通銷售中心嗎？我聽一位朋友說購買××卡並充值後可以享受各種優惠活動，平時生活中可以節省不少開支，是嗎？可以為我簡單介紹一下產品嗎？」

銷售熱線服務人員為牛老闆詳細地介紹了各種產品，過程中，牛老闆對銷售熱線服務人員的專業水準感到十分滿意。牛老闆認為問題應該不會出現在這裡。然而，當牛老闆聽完介紹，詢問如何購買產品時，卻出現了意外。

按照公司流程，銷售熱線服務人員應該直接為牛老闆介紹各種產品的特點以及價格。可是，這次牛老闆卻聽到銷售服務人員說道：「先生，請問您大概想選擇什麼價位的產品呢？不同價位的××卡有不同的折扣，如果您方便的話，我安排我們的銷售代表上門服務，為您介紹各種××卡。」

牛老闆想了想，也許這是公司為了提升服務品質開展的上門服務活動，既然這樣，就再看一看銷售人員的工作情況。牛

第五章 定好制度

老闆回答道:「我也不太確定什麼價位的產品更適合自己,您能讓銷售代表多帶幾種產品為我介紹一下嗎?我也好選擇一個更合適的。」

銷售熱線服務人員馬上同意了牛老闆的請求。幾分鐘過後,一位牛老闆不熟悉的銷售代表打來了電話,並與牛老闆約定了見面地點商談購卡事宜。牛老闆馬上撥通了一位朋友的電話,請朋友來幫忙完成這次市場調查。

牛老闆與銷售人員約在一家咖啡廳內見面。朋友拿著牛老闆新買的手機,頂替他按時到達,而牛老闆自己悄悄坐到了離朋友不遠的一張桌子旁。銷售代表非常準時,很快,兩人便開始接觸交談了。

牛老闆在旁邊聽著兩人的對話,開始的時候非常滿意。但是隨著兩人的交流,談到××卡的價格時,牛老闆卻吃了一驚。銷售人員提出的××卡價格,比公司內部制定的價格整整高出了兩成,這就代表,客戶使用××卡所能享受的待遇會少很多。為了更深入地調查公司銷售情況,牛老闆的朋友依然購買了兩張××卡,牛老闆拿著這兩張卡,卻不知如何是好。

隨後,牛老闆又購買了兩張電話卡,並使用原來的方法再次進行市場調查。可惜,結果全部相同。公司內部是按照制定好的報價作帳,而真實情況中,客戶卻多付出兩成的資金購買

產品，這就代表，在牛老闆不知情的情況下，公司的大部分銷售人員正在吃著公司產品兩成的回扣。

難怪最近的銷售情況一再下滑，原來還有這樣的事情發生。想起自己經常教導員工的話，牛老闆不禁苦笑起來，看來自己的管理方法是錯誤的，員工們只聽到了「比老闆賺更多的錢」，卻忽略了實現這個目的的前提。

公司出現這種情況，牛老闆沒有抱怨什麼，也沒有責怪任何人，而是深度地自我反省。從前牛老闆認為，只要銷售人員可以把商品推銷出去，企業就可以獲得發展，但是自己卻忽略了一個重要的前提。

銷售人員的推銷方式是否合理，是否正當，又是否會帶給企業發展負面影響，牛老闆都沒有考慮過，以至於公司發展到了如此大規模，卻沒有任何相關的銷售制度。這是牛老闆無法推卸的責任，也是公司存在的巨大隱患。

如今，牛老闆感到十分懊悔。此時規範公司銷售制度雖然算得上亡羊補牢，但是必定會引起公司內部一些負面情緒。身為一家企業的老闆，自己經常想到的只是企業如何獲利、如何發展，卻沒有思考企業內部制度的訂定，牛老闆甚至感覺有一些後怕。如今公司只是在盈利上遭受了一些損失，如果再不盡快規範企業內部制度，那麼，很有可能出現無法想像的大問題。

第五章　定好制度

「頭痛醫頭，腳痛醫腳」是管理之大忌

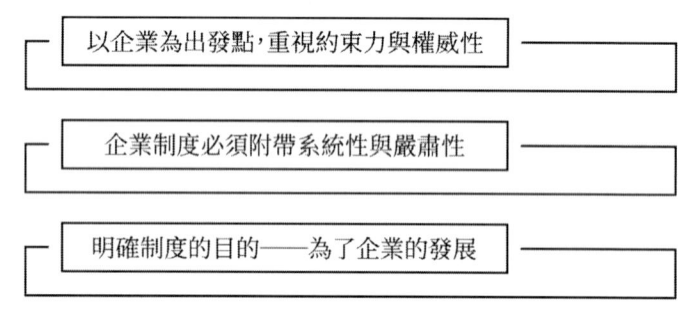

```
┌─────────────────────────────┐
│ 以企業為出發點，重視約束力與權威性 │
└─────────────────────────────┘
┌─────────────────────────────┐
│ 企業制度必須附帶系統性與嚴肅性    │
└─────────────────────────────┘
┌─────────────────────────────┐
│ 明確制度的目的——為了企業的發展   │
└─────────────────────────────┘
```

圖 5-1　企業制度制定流程

××一卡通公司的確面臨著重大的發展阻礙，而牛老闆也開始面臨全新的危機。這裡的危機絕對不是單純地指員工吃回扣的現象，更是指牛老闆應該如何完善企業制度、該如何扭轉企業的被動局面。

想必這時很多老闆會說，這有什麼困難，及時為企業補充一個相關的銷售制度，不讓銷售人員吃回扣就可以了，何來危機一說？

如果單純地補充一個銷售制度，只能證明老闆缺乏足夠的領導能力，只會解決表面問題。正所謂上有政策，下有對策，如果老闆們想要解決根本問題，就要從根本原因入手，思考是什麼造成了這種現象，並除去這種現象發生的原因。

身為老闆，就一定要明白這樣一個道理，企業制定制度的

目的不是為了約束，而是為了規範；不是為了制止，而是為了摒除；不是為了懲罰，而是為了表揚。

如果老闆管理企業只會一味地補充制度，那麼只能證明老闆的失敗。因為企業制度需要系統、整體地運作，任何新增的制度如果無法及時與企業整體契合，那都無法發揮作用。

目前還流傳著這樣一則經典的小故事：

一家剛剛起步的小企業非常良好，企業內部分工明確、制度精細。然而，隨著發展，這家企業的老闆覺得企業定的制度不夠用了，於是他特意在公司門前設立了一個制度牌，把自己發現的問題擬定成新的制度，黏貼到制度牌上。

開始的時候，制度牌並不大，員工們還會關注一些制度牌的內容。後來，老闆覺得制度牌面積不夠用了，便不斷更換大面積的制度牌。制度牌越大，關注的人越少，當這塊制度牌占據了一堵牆的面積時，大家都把它忽略了。

有一次，一家外來企業高級主管到這家企業參觀，發現了這面「制度牆」，這位高級主管看完上面的制度之後哈哈大笑，對這家企業的老闆說道：「你的公司以前是做養殖業的嗎？怎麼以前的養殖手冊還貼在牆上呢？趕快換掉吧。」

這家企業的老闆看著制度牆上「早上遲到五分鐘以內罰款兩百元；半個工作日內上廁所超過五次扣兩百元；在公司內用餐扣兩百元」的各種制度，突然也感覺到了自己的愚昧。

第五章　定好制度

這些制度誰去監控？誰去執行？是否合理？效果如何？目的為何？誰也說不清楚，那麼，這些制度的意義何在呢？

企業發展必須伴隨制度完善，但是，制度完善與制度補充是兩個不同的概念。制度補充是「頭痛醫頭，腳痛醫腳」的管理大忌，而從企業內部出發，結合企業內部優點與缺點進行的制度更新，才算得上制度完善，這才是領導者應該採取的企業發展措施，也是牛老闆解決員工吃回扣問題的最好方法。

很多老闆認為，企業是我創辦的，我對企業的了解程度最深，如果管理上出現問題，及時彌補就是最直接、最有效的方法。然而，當企業出現管理問題時，則證明老闆對企業的掌控程度有所降低，這種情況下，單純彌補制度是無法恢復自己的掌控力的，只有靠靈活的機制和制度的完善更新，才能化險為夷。

老闆避免犯下「頭痛醫頭，腳痛醫腳」的管理失誤，而更新正確的制度時需要注意：

1. 制度是以企業運作為出發點，經過反覆論證思考，在具備約束力與權威性的前提下形成的，而不是針對企業內部的某種現象簡單制定的

例如，上面案例中提到的制度牆。這家企業老闆補充的制度雖然多，但是完全沒有可行性。誰能監管員工每天上廁所的

次數？又有誰去實行這些懲罰呢？企業為了執行這些補充制度，又需要投入多大的人力、財力呢？當制度找不到存在的意義時，則證明這個制度存在缺陷，不僅無法促進企業發展，甚至會給企業帶來負面影響。一個企業的制度相當於國家的法律，如果無用的制度不斷增加，只會增加企業內部運作壓力，而無法增添動力。

2. 企業制度必須附帶系統性與嚴肅性

老闆所制定的每一條制度都必須附帶這兩種性質。系統性展現在結合企業內部機構，有明確的約束者、監督者以及執行者。且系統性不能影響企業運作、不能為企業帶來內部壓力。例如，老闆不能為了自己的一條簡單制度，特意設立一個部門，除非這個制度可以為企業帶來巨大的發展動力，否則，這個制度只能成為企業的累贅。

嚴肅性表示無論制度內容如何，約束範圍內，所有人必須嚴肅對待。早在 2010 年，格力集團內部制定了一條「禁止在公司用餐」的制度，這個制度的制定者——現任格力董事長董明珠，就曾在一夜奔波，滴水未進的情況下，為了遵守制度，從早上餓著肚子堅持到中午。每個老闆都應該具備這種嚴肅的態度。

第五章　定好制度

3. 制度的目的 —— 為了企業的發展

在企業發展過程中，有些老闆會制定一些主觀意識上的制度。例如，模仿一些大型成功企業，或者為了所謂的公司形象，制定一些形式主義的制度。如果這些制度有礙企業發展，那麼完全沒有必要存在。

以「禁止在公司用餐」制度為例，如果一家企業處於關鍵發展階段，企業內部員工整日辛苦工作，很多時候都無法正常用餐，那麼，這條制度必然是在為難員工，令員工產生負面情緒，其結果也必然影響企業發展。

因此，老闆要明白，任何制度的制定切忌主觀意識過於強烈，制度的目的必定是為了企業發展。

「頭痛醫頭，腳痛醫腳」的管理失誤雖然看似淺顯，但是至今為止，仍有很多老闆無法跳出這種失誤。企業制度的制定需要遵循一定的方式、方法，只有我們明確了這些關鍵點，才能夠遠離失誤，加強制度的作用。

建立好企業內部組織架構

- 建立基礎架構,完善基礎架構
- 企業內部單位人員的合理搭配
- 確定責任範圍
- 企業內部單位人數限制

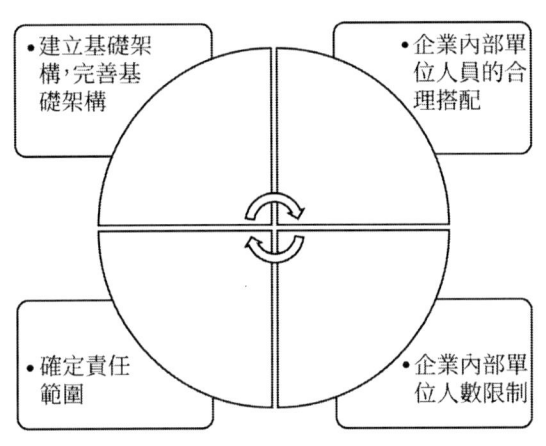

圖 5-2　建立企業內部組織框架要素

　　提及制定企業制度,老闆必然會聯想到企業的組織架構,也只有制度結合了組織架構才能夠發揮作用。企業發展過程中,內部組織架構如同企業制度,都需要不斷地調整與完善。

　　對於老闆而言,一個良好的組織架構是掌控企業的基礎。將企業內部各個機構調整得符合發展需求,各個機構之間形成良好的配合關係,同樣是老闆制定、完善制度的基礎。正如牛老闆眼下需要解決的首要問題,牛老闆應該調整企業內部架構,制定相關的監管部門和監管措施,以及配備長期的市場調查隊伍,而後才能制定銷售制度。否則,在沒有人調查、沒有人監管的情況下,不會有人去執行任何制度。

第五章 定好制度

那麼，身為老闆，我們應該如何制定和調整企業內部組織架構呢？

1. 建立基礎架構，完善基礎架構

企業內部架構就應該從管理的角度出發，以及責任歸屬的角度思考組織架構的作用。盡最大可能減少組織層級，確保管理系統流暢，在提高資訊傳遞速度及準確度的基礎上，可以有效地制定各種決策。

例如，企業內部的每一位主管都應該具備清楚的責任，盡量減少副主管、助理配備，明確企業內部基礎結構清晰，確保企業制度執行流暢。

2. 確定責任範圍

企業組織架構的建立，首先需要思考這個結構是否易於管理，根據組織內部成員的經驗、工作性質以及發展方向進行明確分工，以此設定獨立的內部機構。

另外，各個部門之間雖然獨立，但是存在必然的連繫，這種連繫不僅僅有制約作用，同樣有促進作用。

例如，××一卡通企業內部就存在責任範圍的問題。銷售熱線服務人員接到牛老闆的電話時，阻止了牛老闆直接購買的行為，而為牛老闆提供了「回扣制」的上門銷售服務。這就代表，在牛老闆公司內部，吃回扣不是銷售人員一個人的問

題，而已經涉及了各個部門。

這時，牛老闆需要做的，則是將責任範圍規劃清楚。銷售熱線不得主動提供上門銷售服務，但是可以主動詢問客戶是否需要投訴上門服務。只要把責任規劃清楚，還是可以扭轉牛老闆面臨的被動局面。

3. 企業內部單位人數限制

老闆建立任何企業內部單位時，都應該遵循一個企業常規，就是任何一個團隊中，人數應該控制在六到十二人。少於六人的團隊實力有所欠缺，多於十二人的團隊內部摩擦則會增多。

牛老闆的失敗之處還有一點，就是沒有明確地將全公司六成的銷售人員分組。這樣一個巨大的整體，任何負面效應的傳播都非常迅速。如果牛老闆可以將這些銷售人員按照地點或者責任明確分工，那麼，也許公司只會出現個別「吃回扣」的現象，而不會成為一種普遍現象。

4. 企業內部單位人員的合理搭配

企業內部人員需要多樣性結合。任何一個單位的組成都需要老闆根據成員的年齡、價值觀等方面合理地搭配。不同技能、知識及資質的人員組合在一起可以增加企業內部的凝聚力、生產力。

第五章　定好制度

例如，牛老闆為急於求成的銷售小組配備一個性格正直的組長，則可以有效制止各種吃回扣的行為。

企業內部組織架構的制定並非複雜，但是，在制定過程中讓每一個部分發揮最大的作用卻是一門學問。身為老闆，我們最了解自己的企業，所以可以將這種了解運用到企業內部的發展當中。只有企業內部組織架構建立好，企業內部運作才會暢通，老闆制定的各種制度才會發揮作用。

企業需要完善制度，老闆需要更新想法

很多老闆總認為：「世上最難做的事莫過於做企業；做企業最頭痛的事便是管理人；管理人最辛苦的事便是制定企業制度。」其實，解決三個難題只需要一個方式，便是老闆需要在企業發展過程中更新思想。

企業發展了，企業內部人的思想也會發生變化，當人的思想發生了變化時，行為則會隨之改變。這種情況下，如果老闆不能及時更新自己的思想，那麼，很難制定出管理企業的最佳制度。換而言之，並不是老闆不知道如何制定制度，而是老闆未能抓住企業內部員工的思想，如果這一點未能做到，那麼老闆制定的任何制度都有可能成為一紙空文。

企業需要完善制度，老闆需要更新想法

如今，很多老闆都認為企業發展了，內部執行力度卻減弱了。我們制定了制度，沒有人去遵守，企業應該解決的是執行力的問題。那麼，我們可以換位思考一下。例如，如果牛老闆制定了禁止員工吃回扣的制度，有多少人會主動遵守呢？

很少，因為這畢竟是直接減少員工收入的一項制度。那麼，接下來牛老闆是不是需要增加企業內部的執行力呢？成立專門的督查小組，進行大量的市場調查、多次訪問客戶嗎？

這一切行為都是下下策，因為從一開始，牛老闆制定的制度就存在問題。我們上面講到了，制度的制定是以企業發展為目的的，那麼，這個制度的制定是否有發展目標問題呢？是的。那麼是否有發展策略問題？是的。因為如果牛老闆單純制定這種制度，等於完全忽略了員工的心理感受。雖然「吃回扣」對於員工而言，是一種不應該的行為，但是，企業單方面的制度很難直接扭轉員工的想法。老闆應該採取一種先講情，再講理，最後講制度的管理方法，否則，企業內部一定會出現執行力問題。

企業制度再到位、再標準，忽略了內部想法問題也不會產生很大作用。老闆制定了制度，優化了企業內部組織架構，下一步並不是執行，而是應該改變內部員工的想法觀念。企業內部員工的想法不是靠制度可以約束的，而是需要老闆的溝通和交流。

第五章　定好制度

　　老闆制定了制度，在實施之前，首先需要讓員工從想法上接受這種制度。好比牛老闆實施銷售制度之前，一定要召開公司銷售人員討論會議。銷售人員吃回扣的行為雖然是不應該的，但是追求高利益的想法沒有錯。然而，追求高利益還需要永續性，如果我們只顧吃回扣，而影響了自身產品的優勢，那麼××卡很容易被其他競爭對手擊垮，到時候，連基本的收入都會受到影響，更不要想追求高利益了。

　　在這種情況下，牛老闆再推出全新的銷售制度和一些銷售獎勵方案，以此來約束、帶動內部員工，從而徹底擺脫困境，重新奪回市場的地位，這才是正途。

　　人的想法觀念往往受到價值觀支配，如果老闆想讓員工遵守企業的制度，首先，需要讓員工從內心深處認同制度的價值，強制性實施管理制度並不能帶來最好的管理效果。因此，身為老闆，我們完善制度時，一定要學會更新自己的管理想法，抓住員工內心的敏感點，確保我們的制度可以流暢實施。

　　很多老闆在意識到想法更新的重要性後，會犯下這樣的失誤：任何一項制度制定後，需要經過長時間的討論，讓所有人滿意後才實施。這種方法對於企業發展而言是有害的。制度好比法律，雖然制定的出發點是人性化、合理化。但是制度是為了改變企業內部一些不良狀況，為了加速企業的發展而制定的。如果我們一再拖延制度的實施時間，那麼，制度的意義何在呢？

何況,制度既然附帶約束性,就代表企業內部必然會有人對制度產生牴觸。往往這些牴觸是出自私心。所以,只要老闆制定的制度合理、合適,我們就應該在與企業內部員工及時溝通後的第一時間實施,最短時間內改變企業現狀,加速企業發展。

另外,制度的實施方式不能過於硬性。任何制度都應該伴隨鼓勵與引導,懲罰只是最後的手段。在制度實施初期階段,老闆千萬不要認為有人違反制度是不給自己面子、是在針對自己。動不動就用制度懲罰員工是老闆失敗的表現。在制度實施初期,仍然應該以溝通想法為主,講情講理之後,員工自然會主動遵守合理的企業制度。

老闆的制度意識測試

請判斷以下題目,對的打「√」,錯的打「×」。

1. 企業發展宗旨是服務和品質。(　)
2. 員工辭職可以口頭轉達,對於自動離職的員工無須再理會,刪除檔案即可。(　)
3. 員工犯錯後可以不發薪水。(　)

第五章　定好制度

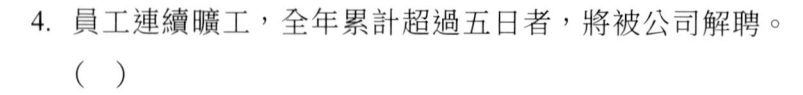

4. 員工連續曠工，全年累計超過五日者，將被公司解聘。（　）

5. 員工做好本職工作即可，插手別人的工作則是違反公司制度。（　）

6. 員工不能接受客戶的禮物，但是為了加深與客戶之間的感情交流，可接受客戶的請客。（　）

7. 工作時間員工只要在人少的地方就可以吸菸。（　）

8. 員工在外違反法律，公司自動將其除名，並將員工資訊提交給相關法律部門協助調查。（　）

9. 不是同一部門主管，看到員工的錯誤行為無須理會，當作沒看到即可。（　）

10. 企業內部主管雖然處於不同部門，但是應該加強感情交流，工作中互相信任和相互激勵。（　）

計分方法和分數解釋：

參考答案：

1.×　2.×　3.×　4.√　5.×
6.×　7.×　8.√　9.×　10.√

10 題答對 8 題以上為制度意識明確的老闆，8 題以下需要提升自己的企業制度意識。

第六章
盯住執行

　　執行力就是企業上下的戰鬥力。老闆首先要知道執行力的重要性，其次要知道如何提高員工的執行力。失去了執行力，老闆便失去了存在的意義，企業便失去了生存的保障。

第六章　盯住執行

李老闆的「執行經」

這是一個風和日麗的週末，街上車來人往，熱鬧非凡。在這樣一個輕鬆、愜意的假期裡，某電子有限公司的會議室裡卻是另外一種景象——會議室裡坐滿了公司的主管和員工。

這些人各個表情嚴肅，言談謹慎，好像在討論著一些重要問題。然而，只有內部人士才知道，其實公司的這次「加班會議」根本不是什麼重大決斷討論，而是一些未能完成李老闆布置的學習工作的員工，在展開相互責備的大會。

很多人看到這裡一定會想到，又是一個形式主義會議，又是一個徒有虛表的老闆。想必這位李老闆的好日子不長了，經常在企業中搞一些形式主義的活動，這樣的企業早晚會被領導者拖垮。

然而，這個公司內部的所有人卻不會這麼想，所有認識李老闆的人也不會這麼想，甚至，同為電子行業中的所有人都不會這麼想。李老闆絕對不是一個浮誇的人，公司發展多年來，李老闆的名字已經眾人皆知，他那套特有的企業「執行經」也已遠近聞名。

提及這間電子公司，人們首先想到的，並不是這家公司的產品與規模，而是公司內鐵一樣的制度、鋼一樣的執行。李老闆將一家小型電子產品工廠，發展為電子行業中的明星企業，

李老闆的「執行經」

再到今日的上市公司，靠的就是他對外吃苦耐勞的精神，對內雷厲風行的執行。

其實，最初的時候，李老闆是一個非常和善的人，他平和的性格是其最大的特點。當然「和氣生財」，對外和氣可以為自己增加更多客戶，但是，對內過於和氣就不一定可以產生好的效果了。自從李老闆的電子公司註冊之後，他就越來越感覺自己的平和性格已經成為企業內部的危機。那段時間內，李老闆雖然頂著一個總經理的稱謂，卻沒有受到應有的尊重。

公司某位老員工遲到了，見到李老闆後說一句抱歉，李老闆笑著回一句下次注意，事情就過去了。其他員工見此，紛紛開始效仿，遲到現象越來越多，後來員工們乾脆在李老闆未曾同意的情況下，私自修改了工作時間，將早上八點的上班時間直接推遲到了九點。而李老闆對此束手無策，罰不責眾，更何況，帶頭的是跟隨自己奮鬥多年的老兄弟，總不能開除他們吧！

看到新成立的公司變成了這樣的局面，李老闆非常傷心，但是更多的是自責。李老闆開始陷入深深的思考，當初自己還是小工廠的老闆時，可以把生意做得興旺，但是今日成立了公司，怎麼連公司內部的員工都管理不好了呢？

李老闆經過反覆的思考，最終認定，原因還是在自己身上。當初可以把小工廠發展為公司，恰恰是因為工廠小，員工

第六章　盯住執行

少，幾個人、幾句話就可以管理得井然有序。但是此時的公司大了，自己不可能像以前一樣，掌控好每一位員工了。如今要靠制度，但是自己的平和性格讓公司的制度如同虛設，試問，公司怎麼能發展好呢？

想清楚這一點，李老闆就找到了解決問題的方法。李老闆在公司門前張貼了公告：自今日起，公司明確工作時間，上午八點到十二點，下午一點到五點，如有遲到者，罰中午到餐廳做義工，為全體員工服務。注：明日將由本人親自監督執行。

李老闆張貼告示之後，大部分人都不以為然。果然，第二天，公司有幾乎一半人仍舊是八點以後抵達公司。李老闆站在公司門口，默默將所有遲到者的名字記到了本子上。中午用餐時間，李老闆將所有遲到者叫到了餐廳。當時，李老闆站在餐廳中央的一張桌子旁，手裡拿著幾把掃帚和幾條抹布，桌子前坐著公司的會計小章。李老闆對所有遲到的員工說道：「今天，我不為難大家，願意遵守公司制度做義工的，到我這裡領工具，不願意遵守公司制度的，到小章那裡結算本月薪資離開就是了。」

眾人一看傻了眼，這次「老好人」認真了。不用說，大家都選擇了做義工。但是李老闆對所有義工又提出了一個新的要求：五個人一組，把餐廳所有桌椅擦拭五遍，地面清掃三遍，一組做完之後，下一組繼續。如果有人感覺做不到，請到小章

那裡領當月薪資離開。從今天起，公司嚴格按照制度執行。

正是由那一天開始，「老好人」李老闆徹底變了。當年的「和氣生財」變成了今日的「鐵面無私」。李老闆對公司所有人說道：「公司要發展，就必須有個樣子。員工不執行公司制度，不如不做員工，如果公司連執行力都沒有了，那麼我們還依靠什麼在市場前行？」

從此，公司開始表現出一種特有的執行力，而這種執行力則是由李老闆自己引發並引導的。李老闆為公司制定了有序、明確的制度。制度之下人人平等，員工要有韌性，公司要有剛性。

有一次，李老闆自己開會時遲到了三分鐘。按照公司規定，開會遲到三分鐘的人要在會議室門口罰站三分鐘。當時，李老闆為了不浪費其他人更多的時間，先對大家道了歉，會議結束後，李老闆主動站到了會議室門口罰站三分鐘。

還有一次，跟隨李老闆一起奮鬥多年的張副總經理沒有忍住菸癮，工作時間隨手拿起香菸抽了一口，雖然張副總經理及時反應，並熄滅了香菸，但是李老闆還是責罰了他。

儘管李老闆對大家要求嚴格了，但是員工依舊尊敬這位老闆。因為李老闆不僅以身作則，更與員工們一起分享透過加強企業執行力獲得的更多利益。自從公司內部執行力提高之後，他們公司生產的電子產品品質也提升了，市場銷售管道也拓寬

第六章　盯住執行

了，自然，公司的收益也增加了。在這種情況下，李老闆首先想到的，便是提高員工福利，公司員工的平均福利要比同行其他員工高出不止一個等級。在這種良性循環下，李老闆的企業發展動力更加充足了。

在公司上市之前，李老闆已經將公司的執行力展現到了整個市場當中。只要是公司向客戶承諾過的事情，哪怕只是口頭承諾，全體員工即使加班加點，也會在保證品質的前提下按時完成。只要是公司制定的目標，全體員工放棄所有假期，也要按時實現。這種鋼鐵一般的執行力度，如今已經成為公司最大的特點，而李老闆長期以來絲毫不放鬆的「執行經」也成為他的致勝武器。

公司不僅僅是行業內部的標竿企業，更是整個市場的榜樣企業。很多不同行業的企業領導者經常到李老闆的公司內交流、學習，李老闆也願意把公司的制度、企業文化與大家一起分享。李老闆認為，執行力不是商業機密，而是促進整個市場發展的動力。企業只有具備了強大的執行力，才能發展，才能獲利，才能成功。

有計畫、有目的，執行才到位

圖 6-1　執行力提升策略

（由外而內：落實實際工作、設定執行目的、制定提升計畫、制定詳細的工作計畫）

現代管理大師杜拉克在《管理的實務》一書中指出：影響企業健康發展的所有方面都必須建立目標，企業的各級管理者為了完成各自的目標，必須透過對下級的有效領導，實施有效的管理，最終完成企業的總體發展目標。

那麼，確保企業目標實現的重要保障是什麼呢？必然是執行力。

雖然我們一直在強調企業應該提升執行力，應該加強執行力度，但是，仍有很多企業缺乏最基本的執行力。這並不是因為企業制度不完善、領導者對執行力不夠重視，而是因為老闆在加強企業執行力時，沒有採取有計畫、有目的的加強方式。

第六章　盯住執行

《孫子兵法》曰：「用兵之道，以計為首。」很多老闆恰恰是缺乏提高執行力的計謀，才導致企業內部的執行力度不足。

我們都曾聽說過這樣一則故事：一間大型企業應徵員工，老闆對試用期內的所有員工提了一個要求，每位員工每天在下班前，必須擦拭辦公桌七次。開始的時候，所有員工都可以做到。後來一些員工認為，辦公桌擦拭七次的效果與六次差別不大，那麼以後擦拭六次就好了。隨著時間推移，一部分員工擦拭辦公桌的次數越來越少，最後有人乾脆直接不擦了。

結果必然是試用期過後，堅持每天擦拭辦公桌七次的人留了下來，因為這些員工懂得執行力。

很多老闆聽到這個故事以後，開始模仿其中的方法，對於無法嚴格執行公司制度的員工，老闆直接採取了開除的懲罰方式，其目的必然是殺一儆百，提升企業內部的執行力度。

然而，在這樣一個複雜的商業時代，當初的故事已經有了新的版本，老闆也應該學習新的策略。

大型企業再次進行應徵。相同的老闆，相同的測試方法，這次出現了不同的表現。這次，公司應徵的所有員工個人能力都非常強，全都屬於公司發展需要的人才。然而，由於這些人剛剛步入社會，對公司執行力缺乏基本的重視，所以在試用期內，所有人都未能將每天擦拭七次辦公桌的習慣堅持下來。這時，身為公司老闆，我們應該如何對待呢？

（1）像以往一樣，將未能堅持老闆要求的員工全部開除，對於公司而言，缺乏執行意識的員工都是不合適的。

（2）身為企業老闆，我們要帶來監督作用，在這些員工只擦拭六次辦公桌時就懲罰他們，並命令員工將這個習慣保持下去。

（3）作為企業領導者，我們應該從大局的角度出發，努力培養員工的執行意識。在員工只擦拭六次辦公桌時，不發怒，不責罰，而是微笑著幫他們完成第七次。

三種選擇的答案不言而喻。身為老闆，提升企業領導力必須講究策略和方法。單純的懲罰已經無法有效提高企業執行力，而有計畫、有目的的提升策略才是最佳方式。

1. 制定詳細的工作計畫

對於很多企業而言，執行力的提高是依靠工作計畫來實現的，而單純的制度要求只會讓員工產生應付了事的想法，無法從根本上提高企業內部執行力。

當員工可以明確地知道工作計畫，以及工作目的時，員工的自主性、積極性才會被調動，執行力從而才能獲得提升。正如李老闆將福利待遇第一時間分享給員工一樣，李老闆讓所有員工體會到了提升執行力的目的，從而將企業帶入了一種員工自主進步、與企業一同獲利的良性循環。

第六章　盯住執行

2. 制定與工作相關的執行力提升計畫

讓員工明確工作目標與確切可行的工作計畫,是提高企業執行力的有效手段。老闆制定的任何執行力提升計畫都必須與工作有關,任何單純為了提升執行力而制定的無聊制度反而會影響企業內部的執行力。

有些老闆會莫名其妙制定一些管理制度,例如每天上廁所次數不允許超過五次,見到領導後必須保持微笑等等。這些與工作無關的制度會被員工認定為形式主義,從而影響執行力的提升。

3. 制定高效的工作計畫

效率是衡量執行力度的最佳標準。如果老闆制定的執行力提升計畫不能展現出「效率」二字,則失去了執行力最基本的意義。對於企業而言,效率也可以被認定是執行力的目的。雖然提升執行力並不是為了增加員工的硬性工作,但是,透過提高工作效率要求,的確可以帶來良好的執行力加強效果。

4. 任何執行力提升計畫必須展現在工作落實之上

以李老闆制定的各種企業制度為例,只有制度落實了,執行力才能得到提升。對於老闆而言,執行力提升計畫更應該落實,因為老闆是企業的領導者,帶來了重要的表率作用,只有我們將執行力落實了,員工才能體會到我們對執行力的重視,

才會主動提高執行力。

執行力對於員工而言，並非簡單的服從命令，對於老闆而言，並非簡單的制定制度。執行力是企業內部一種有計畫、有目的的發展策略，也是老闆提升自身領導力的基礎。

執行中回饋，回饋中執行，互動才能雙贏

執行力，是指企業內部人員貫徹企業策略意圖，完成企業預定目標的主動操作能力。對於企業而言，執行力是主要的競爭力，是將企業整體策略、規劃轉變成為效益的重要保障。

影響企業執行力的兩大因素分別是老闆與制度。只要企業有良好的管理制度和優秀的領導者，就可以充分調動全體員工的積極性，企業執行力便由此誕生。在提高企業執行力的過程中，任何提升方法的實施都應該配合員工的及時回饋，老闆透過對這些回饋的總結思考，改善與提升企業執行力，才能夠最大化提高企業整體的執行力。

著名的軍事指揮家孫子，當年在到達吳國後，被吳王當座上賓款待。吳王雖然聽說孫子的軍事才能非常卓越，但是卻沒有見過孫子帶兵打仗。於是，在一次宴會上，吳王故意為難孫子，對孫子說道：「聽說你在軍事理論方面有獨到的見解，

第六章　盯住執行

今日,我想知道你真的能帶好兵、打好仗嗎?」孫子回答道:「當然可以,只要有兵可以帶,我一定把他們訓練成優秀的軍隊。」

這時,吳王說道:「無論什麼樣的人在你手下,都可以成為優秀的戰士嗎?是不是我給你一隊人,就可以把他們訓練成優秀的士兵?」

孫子回答:「只要您給我人,我就一定可以把他們訓練好。」

隨後,吳王指著身後的宮女說道:「那你可以把這些宮女訓練成為優秀的士兵嗎?」孫子回答道:「沒問題,只要您給我訓練她們的權力,就一定可以。」

吳王哈哈大笑說道:「好,我給你絕對的權力,但是三個時辰之內,你必須把她們訓練成為正規的士兵。」吳王不僅將宮女派給孫子進行訓練,還將自己心愛的兩位妃子定為隊長,一同加入了訓練陣營。

於是,孫子將這些宮女帶到了訓練場上,吳王也一同來觀看孫子如何訓練士兵。訓練場上雖然孫子非常認真,但是宮女們鬧成一團。大家都覺得這不過是君王的一個玩笑,哪裡有女子練兵的道理。

孫子看著這群打鬧的宮女並沒有發怒,而是大聲喊道:「大家停止喧譁,馬上列隊站好,左邊一隊,右邊一隊。」雖然孫

子的聲音很大，但是眾宮女與兩位妃子絲毫不理睬，依然繼續嬉笑打鬧。孫子見此繼續說道：「這是我第一次訓話，也許是我聲音不夠大，這是我的過錯，現在，請你們馬上列隊。」

雖然這次孫子的聲音又大了幾分，但是眾宮女依然沒有理睬，而是笑嘻嘻地看著孫子。孫子看著眾宮女又一次說道：「這是我第二次訓話，也許是我未曾表達清楚，這也是我的過錯。現在，請大家依次站好，馬上左右列隊。」

這次訓話後，眾人仍然毫不理睬，玩笑依舊。

這時，孫子的表情變得嚴厲了幾分，他繼續說道：「第一次是我的聲音小，你們沒有聽到；第二次是我的表達不清楚，你們沒有聽懂。那麼，這第三次就是你們的過錯了。來人，把那兩個隊長給我拉下去斬首。」

士兵聽到孫子的法令，馬上將兩個妃子抓了起來。這時吳王看到這個情景，急忙對孫子說道：「萬萬不可，這一切只不過開個玩笑，千萬別當真。這兩人斬不得。」

而孫子卻回答道：「吳王，剛才是您說過給予我絕對的權力，君無戲言，我答應您三個時辰將她們訓練成為正規士兵，我也一定會做到。現在，這兩個隊長一定要斬首。」

隨後，士兵將兩名妃子當場斬首。看到兩名妃子人頭落地後，眾宮女馬上肅然而立，老老實實地站為兩隊。在這種情勢下，僅僅兩個時辰，孫子便將這些宮女訓練成為合格的士兵。

第六章　盯住執行

　　孫子練兵以執行力為首，老闆領導企業同樣應該以執行力為重。然而，透過孫子練兵的故事，我們可以從中發現關於提升執行力兩個重要的問題。

　　無論練兵還是領導企業發展，提升內部執行力的過程中，一定要確保執行中有回饋，如此，才是提升執行力的保障。雖然孫子在前兩次發號施令時眾人未曾理睬，但是孫子認為對方給予了自己回饋。於是，在第三次時孫子採取了相應的措施，有效地提升了內部執行力。

　　老闆帶領企業發展同樣需要這種策略。當我們強化企業內部執行策略時，不僅要等待員工給予自己回饋，更需要主動從企業內部獲取回饋。

1. 垂直系統獲取回饋

　　老闆制定的任何制度都有直接面向的人群，那麼，這個人群就是老闆可以直接獲取回饋的垂直系統。

　　很多老闆會在制定制度時了解回饋的重要性，卻缺乏獲取回饋的主動性。老闆要求內部員工對制度進行及時的回饋，然而員工的回饋卻不及時、不符實。這時，老闆應該做的，是自己從垂直系統中獲取回饋，實際深入企業內部調查，而不是責備員工不符合要求的回饋。

2. 橫向系統交流回饋

老闆想要提高企業內部執行力，不僅要從上到下地下達命令、制定制度，還需要建立一個橫向交流的系統，否則老闆永遠無法從企業內部得到最實用的回饋意見。

所謂橫向交流系統，是指企業內部員工之間的交流回饋，新制度的制定能否令各部門員工協調運作、互相配合，這些橫向交流回饋對於老闆而言非常重要。

孫子在練兵之時，獲取了橫向系統的回饋，而這種回饋則是宮女與妃子之間的嬉戲打鬧。當我們的制度被員工當作玩笑時，才有必要使用強硬的措施提升執行力。但是，當制度無法發揮作用，帶來良好的效果時，我們則需要自我檢討，及時彌補自己的過失，完善制度，隨後提升企業的執行力。

細節展現執行力

在《細節決定成敗》一書中，有這樣一段經典的論述：「『泰山不拒細壤，故能成其高；江海不擇細流，故能就其深。』所以大禮不辭小讓，細節決定成敗。在現代企業中想做大事的人很多，但願意把小事做細的人很少。我們的企業不缺少智勇雙全的策略家，缺少的是精益求精的執行者。絕不缺少

第六章　盯住執行

各類管理規章制度,缺少的是規章條款不折不扣的執行。」

這段經典的論述引起了無數老闆的深思,我們總在尋求企業發展的方法,一直追求卓越的領導力,然而,在我們對領導力的追求過程中,總會感到領導力離我們過於遙遠,是那些成功者獨有的能力,卻未曾發現,其實領導力就藏在生活、工作的每一個細節當中。

老闆領導工作的細節建立在細節化、固定化的企業制度之上,而執行力的保障同樣來源於如此完善的制度。

在制定制度時,很多老闆容易犯下一個失誤,就是制度只針對效果,而不關心細節。這是很多企業無法展現執行力的主要原因。

例如,有一家服裝連鎖公司曾紅極一時,然而,這家公司的鼎盛時期持續了僅僅不到一年的時間,便走向了衰落的局面,歸其主要原因,仍然是制度問題。

在公司發展狀況良好時,這家公司的老闆黃先生制定了這樣一條制度:員工超額完成工作量的五成,便可以領取雙倍薪資;超額完成工作量的一倍,便可以領取四倍薪資。

黃老闆最初的意圖,是為了激勵員工在當前大好形勢下乘勝追擊,一舉占據市場霸主地位。可是制度的初衷好,卻沒有在意細節。這個制度下,很多員工為了領取雙倍乃至四倍薪水,紛紛私自把自己的工作量承包給了外部的服裝小工廠,外

細節展現執行力

部服裝工廠由於缺乏專業的技術和責任感,生產出的服裝徒有其表,品質參差不齊,最終導致整個企業的品牌受到影響,企業走上了下坡路。

類似黃老闆這樣的企業不在少數,制定制度不注重細節也是很多老闆的通病。如果老闆可以在制定每一個制度時,都關心一下細節,而不是只針對結果,那麼,企業發展會是另外一個局面,因為好的結果往往是在細節中產生的。

同時,制度的細節也決定著企業的執行力。仍然以黃老闆的故事為例,如果黃老闆的制度中提到了產品品質,規定了加工方法,以及明確指出了員工的工作規範,那麼,企業內部執行力便有了具體的展現標準。企業的發展表現在細節當中,企業的執行力同樣表現在細節當中。

對於企業來說,老闆的執行力對於企業整體執行力而言,其實只是一個表率。在企業執行力表現過程中,制度的細節才是關鍵,從小入手,改善各種小問題,才能強化員工的執行力。

如果說制度是企業執行力的基礎,那麼,核心團隊則是企業執行力的保障。

有人曾問過比爾蓋茲:「如果現在再讓您重新建立一個微軟,您覺得您可以做到嗎?」

比爾蓋茲非常痛快地回答道:「沒有問題,但是我有一個條

第六章　盯住執行

件,就是讓我帶走我的團隊,這支團隊不會超過一百人,但是依靠這支團隊,我可以迅速再建立一個五萬七千人的微軟。」

由此可見,一支核心團隊對於一個老闆、一家企業是多麼重要。那麼,核心團隊是如何保障企業執行力不斷提升的呢?

首先,老闆可以依靠核心團隊將企業執行力不斷明確化、細緻化。老闆制定任何制度的第一執行人,必然是自己的核心團隊。雖然我們明白老闆才是企業內部的第一表率人物,但是,老闆個人的表率力度遠遠小於整支團隊。

企業的核心團隊可以深度理解老闆制定制度的初衷,捕捉到制度的每一個細節,並且第一時間產生效果。這種執行力的表現讓企業內部所有員工更清楚如何履行制度、表現自己的執行力。

其次,老闆的核心團隊能及時發現制度的優勢與不足。對老闆而言,當制度在員工身上表現出不足或者優勢時,再進行調整已經錯過了最佳時機。老闆首先應該從核心團隊對制度的反應上尋找出不足,加以完善。

制度決定企業發展的過程,細節決定執行力的結果。老闆對核心團隊的掌握,也是一種掌握企業細節的表現。因為核心團隊同樣是企業的細節,我們掌握好這個細節之後,才能夠傳遞與提升執行力,老闆也可以透過這種方法帶領企業向前發展。

老闆的執行管控測試

1. 你交給員工一項工作時，員工能否在規定的時間內完成？
   A. 大多數員工很難按時完成
   B. 大多數員工會如期完成
   C. 所有員工一定會如期完成

2. 員工是否對你說過：「這不是我職責範圍內的事」？
   A. 經常聽到
   B. 有過一兩次
   C. 從來沒有過

3. 當公司遇到危機情況時，需要員工連續加班扭轉局面，公司會呈現怎麼樣的局面？
   A. 高加班費情況有人願意加班
   B. 雖然大多數人加班了，但是抱怨不停
   C. 員工會主動加班，先幫助企業擺脫困境，再考慮待遇

4. 當我們制定一些新制度時，企業內的員工會怎樣做？
   A. 自己先不遵守，看他人的遵守情況
   B. 無人遵守，直至我們發飆
   C. 所有人會第一時間自覺遵守

第六章　盯住執行

5. 當你通知一位在家休息的員工來公司完成緊急工作時,你可以確保多少人能夠隨叫隨到?
   A. 五人以下
   B. 公司一半員工
   C. 公司內絕大多數員工

6. 早上我們對員工下達一項額外工作,要求晚上下班前完成,中午抽查時有多少人絲毫未做?
   A. 大多數人
   B. 公司一半員工
   C. 所有人都開始做了,甚至有人已經完成了

7. 當我們這次制定了錯誤的決策之後,公司的核心團隊會多久、產生怎樣的反應?
   A. 覺得無所謂,按照錯誤方式執行
   B. 邊做邊暗示我們決定錯誤
   C. 第一時間反駁我們

8. 當我們詢問一位員工工作進度時,對方會怎麼回答?
   A. 應該可以按時完成
   B. 我不知道什麼時候完成
   C. 保證可以完成工作

9. 當我們遇到員工對我們的指令不理不睬時,會採取怎麼樣的措施?

   A. 立刻對員工大罵

   B. 不僅大罵員工,連同其主管一起責備

   C. 先找其他人完成工作內容,然後按照公司制度逐層處罰

10. 當我們確定應徵的所有員工都具備高能力,但是工作業績卻絲毫不突出時,我們首先會想到的是?

    A. 主管不負責

    B. 員工不認真

    C. 制度有問題

計分方法和分數解釋:

正確答案均為 C,根據自己的真實情況進行回答,正確答案在 8 題以下的老闆需要馬上提升個人以及企業的執行力。

第六章　町住執行

第七章
勇於授權

　　出生於一個小農場，擁有不算幸福的前半生，但是他卻以自己超強的努力和勤奮，以及獨特的領導策略征服了一個又一個困難，最終成為全球傳媒業大亨，擁有了自己的傳媒帝國。他就是魯柏・梅鐸（Rupert Murdoch）。梅鐸由「小老闆」成長為「大老闆」，最重要的就是他勇於授權，懂得放手。

第七章　勇於授權

「老闆」是如何變成「大老闆」的

有人說老闆比企業家更辛苦，這的確是對當前市場中小企業老闆現狀的一種總結。然而，雖然很多「老闆」都在抱怨當前的現狀，卻很少有人知道自己為何無法搖身變為輕鬆掌控企業的企業家。

很多人會產生疑問，世界強者是如何在短時間內飛速成長的？他們又是如何從「老闆」變身為商業偉人的？魯柏・梅鐸可以告訴你。

出生在澳洲一個小農場的梅鐸從小做事就十分勤奮，無論是學習還是做事，梅鐸都表現出自己的執著與努力。最終擁有這種性格的梅鐸考入了英國最著名學府之一──牛津大學。

這期間，梅鐸的父親已經成為當地著名的新聞工作者，是墨爾本當地著名報紙《先驅報》等四家報社的主辦人。然而，原本風平浪靜的家庭突然發生變故，梅鐸的父親由於過度勞累，心臟病突發猝死，意外導致父親經營的幾家報社在財政上陷入巨大困境，梅鐸富裕的家庭開始面臨經濟危機。

緊要關頭，生活在英國的梅鐸決定返回澳洲，並肩負起支撐家庭的重擔。當時梅鐸的父親主辦的四家報社中，已經有兩家轉讓了出去，但是經濟危機仍未能得到緩解，梅鐸的母親打算將剩餘的兩家報社也出售，以讓全家可以保持溫飽。梅鐸卻

說服自己的母親不要出售,他決定依靠剩下的兩家報社讓自己的家族東山再起。

當時的梅鐸僅僅二十二歲,他同時擔任了《星期日郵報》和《新聞報》的出版人,這對於年輕的梅鐸而言是一個不小的挑戰。為了更好地勝任這個身分,梅鐸迅速返回倫敦,到當地著名的《每日新聞報》進行短時間的培訓,培訓完後又匆匆趕回自己的家鄉。

事情沒有想像中的那麼簡單,梅鐸管理《新聞報》和《星期日郵報》之後才發現,自己的父親生前是一個天才記者,自己的能力與父親相差太遠。在這種情況下,梅鐸沒有別的選擇,只能依靠勤奮和努力來確保兩家報社的生存和發展。好在梅鐸從小就擁有這種可貴的性格,那段時間裡,梅鐸全天二十四小時投入到報社的日常工作中。無論是擬定標題,還是安排版式設計,以及報紙印刷等工作,梅鐸都親力親為,辛苦萬分。很多時候,梅鐸自己滿手油汙、蓬頭垢面,任何人都無法看出這樣邋遢的人居然是報紙的出版人。在梅鐸發瘋一般的努力下,兩家報社終於取得了極大的成功,不僅合併了當時著名的《廣告報》,《新聞報》,更成為當地報紙行業的領軍刊物。

伴隨梅鐸的努力而來,他的事業開始壯大。隨後幾年,梅鐸兼併了伯斯市的《星期日時報》,壟斷了伯斯和阿得雷德兩市報紙行業。然而,成功給予了梅鐸足夠的信心,也為他帶來困擾——梅鐸的成長瓶頸期也隨之到來。

第七章　勇於授權

　　事業的不斷壯大讓勤奮的梅鐸開始疲憊不堪，已經不僅僅是力不從心的程度，而是到了對企業管理疲於奔命的狀態。這段時期內，雖然梅鐸的報紙事業穩步進行，但是很難得到發展，梅鐸本人已經筋疲力盡。於是，他開始重新思考一個問題，自己的父親可謂是一個天才記者，就能力而言自己遠不如父親，但是為何能力強悍的父親未能將事業發展壯大呢？除去年齡因素之外，肯定還存在其他問題。難道自己最後也會如同父親一樣，心力交瘁而終嗎？

　　梅鐸這時終於悟出一個決定自己人生成就的道理，就是企業家想要獲得發展，就一定要學會讓更多的人為自己服務，並藉助他人的力量來完成自己的夢想。後來，每當梅鐸回想起自己成長過程中這段特殊時期時，都會感嘆道：「你要改變的是自己的頭腦，而不是去改變別人。」這句話也成為他本人最為著名的一句話。

　　悟出了這個想法之後，梅鐸開始重新規劃自己的事業。他逐步將手中正常運作的報社授權給自己信任的合作夥伴。最初階段，他將《新聞報》交給了在這家報社發展過程中一直幫助自己的一位老員工，隨後很長一段時間，梅鐸仔細觀察著《新聞報》的變化。梅鐸發現，對於已經走上正軌的《新聞報》而言，自己的勤奮與付出完全是多餘的，因為在沒有自己的情況下，《新聞報》仍舊可以保持良好的發展態勢。

「老闆」是如何變成「大老闆」的

　　同時，梅鐸發覺因為重新規劃了事業，讓自己擁有了更多的時間和精力。於是，梅鐸不顧董事會的諸多反對意見，在短時間內，就將原本屬於自己的工作內容全部授權給他人，他本人為自己的事業樹立了一個全新的目標——進軍電視業。

　　當梅鐸穩定住後方之後，便開始全力進軍電視業，一番激烈的政治角力之後，阿得雷德的 TV-9 電視臺的經營權最終落到了梅鐸手中。獲得阿得雷德的 TV-9 電視臺經營權後的一年時間內，梅鐸為自己累積了豐厚的利潤，這時，他選擇將阿得雷德的 TV-9 電視臺授權給自己的助理，再次提升自己的人生目標，挑戰雪梨報業的三大廠——帕克、費爾法克斯和諾頓家族。

　　當時這三大家族占據了雪梨報業一半以上的市場，《太陽晚報》、《先驅早報》、《每日電訊報》、《星期日電訊報》和《鏡報》全部出自三大廠之手，這幾家報社在雪梨人眼中的形象已經根深蒂固，所以他們一開始對梅鐸的態度根本就是不屑一顧。不過，好在上帝比較眷顧梅鐸，將一個絕好的時機擺在了梅鐸面前。

　　《鏡報》由於經營不善，出現了極大的虧損，諾頓家族為了減少損失，直接將《鏡報》出售給了費爾法克斯家族，當費爾法克斯家族接受《鏡報》後發現，這的的確確是一個爛攤子，扭轉《鏡報》需要投入太大的精力，於是，費爾法克斯家族選擇再次將《鏡報》出售。梅鐸看到了這個機遇，以四百萬

第七章　勇於授權

美元的成交價格收購了《鏡報》。對於梅鐸而言，他並不怕面對《鏡報》悲慘的局面，因為他最需要的，是一個進入雪梨報業主流市場的機遇，何況，更糟糕的局面梅鐸都經歷過，他相信《鏡報》絕對不會給自己帶來巨大的損失。

梅鐸再一次表現出了自己勤奮的一面。接手《鏡報》之後，他每日辛勤地工作，用自己的汗水重新塑造雪梨人眼中的《鏡報》，這份由梅鐸親自打造的報社，最終成為雪梨報業中的楷模。梅鐸的這次成功也終於讓雪梨人，乃至全澳洲人開始認可他。

當時的梅鐸才剛剛二十九歲。雖然他還未能成為世界百強富豪中的提名人物，但是已經成為當代報業中的領軍人物。

今日的梅鐸的確已經老了，2013年他以第九十一名再次出現在了全球富豪榜的名單中，這年3月他度過了自己八十二歲的生日。

梅鐸經常對自己的朋友提起年輕時的創業經歷。他對事業感觸最大的階段，正是他感悟經營策略的轉折時期。梅鐸曾與自己的朋友這樣說過：「我的父親曾是我無法超越的天才，然而，我卻超越了他的成就。這並不是因為當時我年輕，而是我懂得了放手。可以說一路走來，我經歷了太多的戰爭，然而，我把每一份戰利品都分給自己最信任的人，這也是我可以一路走下去的原因。」

從接手兩家面臨轉讓的報社，到今日全球媒體行業大亨，梅鐸一路戰勝了無數磨難，然而，自從他領悟了如何從「老闆」轉化為企業家的道理之後，他從未停步過。這個領導觀念的轉變對於所有老闆而言，是一次必須經歷的進步，只有我們提升到了這個境界，才能夠不斷地在商業道路上走下去。

事必躬親只能當「小老闆」

　　美國 Chick-fil-A 公司副總裁馬克‧米勒（Mark Millar）曾說過：「真正的領導者不是要事必躬親，而在於他要指出路來。」這句話明確告訴我們，隨著企業發展，老闆一定要學會「事不躬親」。

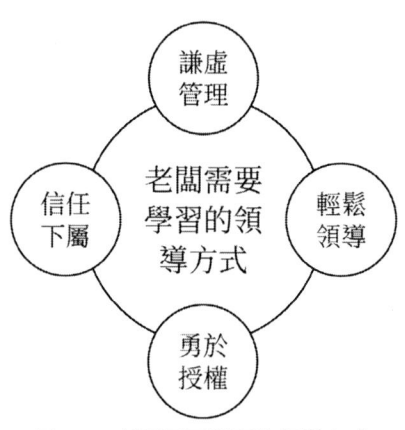

圖 7-1　老闆需要學習的領導方式

第七章　勇於授權

想必所有老闆都明白事必躬親的含義，而且在很長一段時間內，都保持著這種工作習慣和狀態。企業中的每一件事都一定要親自去做、親自過問，雖然在員工眼中我們是辦事認真、毫不懈怠的領導者，但是，我們也付出了精力的代價。

「領導」其實是門大學問，當一個好的老闆需要講究特殊的套路。「治之至」是所有老闆都在追求的境界。然而，如何、何時進行事不躬親的管理，正是所有老闆需要了解的領導策略。

古人云：「事不躬親是『古之能為君者』之法，它『繫於論人，而佚於官事』，是『得其經也』；事必躬親是『不能為君者』之法，它『傷形費神愁心勞耳目』，是『不知要故也』。」

兩者之間存在什麼差別呢？差別不僅展現在效果之上，更重要的是方法不同。前者懂得使用人才，任人而治，因此可以達到一種「可逸四肢，全耳目，平心氣，而百官以治」的管理效果，而後者事必躬親，雖然效果也說得過去，但是「弊生事精，勞手足，煩教詔，必然辛苦」的代價對於老闆而言，實在是過於沉重。

著名領導學家曾說過：「企業管理者事必躬親，最後只會成為一個活活累死的管理者。當企業還在發展階段時，領導者尚可事必躬親。但是當企業越做越大時，領導者的事必躬親就有問題了。」

梅鐸正是想透了這個「事不躬親」的管理理念，所以，可以從容地放手，將自己辛苦打下的事業和成績放心交給信任的手下管理，給自己時間和精力去做一個真正的企業家該去做的事情。既發展了企業，成就了自己的事業，也讓自己有時間休養生息，養精蓄銳。

事實上，對於事必躬親的老闆而言，員工們雖然會遵從命令，但是不一定會把老闆的付出看作是關心或者好意，反而會認為老闆不信任自己，甚至多管閒事。在企業中，員工每天的工作量並不少於一個管理者的工作量。企業之中，任何一個管理者都不可能做到管理好員工的所有事情，更不可能掌握員工工作的每一個細節。尤其是對於一些大型企業而言，老闆的事必躬親極有可能會被員工當作一種對自己的羞辱，從而產生不良的工作情緒。所以，身為老闆，隨著企業發展，一定要學會以下幾種管理方式：

1. 信任下屬

原則上來講，老闆也是企業的一份子，老闆同樣是在為企業發展而努力，雖然老闆有管理員工的義務，但對員工的工作事事都過問則成為一種干預，員工必然會產生牴觸情緒。因此，老闆只需要在員工完成工作的過程中做好監控和回饋，在適當的時刻幫助與指導，甚至可以容忍一些員工的犯錯，讓員工懂得自我成長，而不必事事親力親為。這是對員工的一種信

第七章　勇於授權

任,同時也是一種尊重。

著名領導學家還這樣說過:「很難想像一個內部沒有信任的企業,可以形成共同的目標,可以鼓舞員工的士氣,眾志成城。」當老闆與員工之間缺乏信任時,必然會出現一層隔膜,這種隔膜會導致彼此的工作難以展開。員工認為領導不信任自己,做事畏首畏尾,領導由於不信任員工,事事擔心,這就在企業內部形成了一種管理空洞,從而導致企業發展、運作都難以為繼,最終以內部摩擦形式爆發問題。

《莊子》中有一個「匠石運斤」的故事:古代楚國的郢都中有一位十分愛乾淨的人,有一次,他的鼻尖濺上了一點白石灰,這層白石灰薄得像蒼蠅的翅膀,這時,他找來了當地的石匠,讓石匠幫忙把這點白石灰除去。石匠隨即快如疾風地揮動手中板斧,風聲過後,那人的鼻子上的白石灰也削完了,白石灰被削得乾乾淨淨,鼻子卻沒有絲毫損傷。而且過程中,被削之人面不改色,石匠也談笑風生。

許多年過後,這件事傳到了宋元君的耳中,於是他派人找來了這名石匠,說:「你能照樣為我削一次嗎?」

然而,石匠卻回答道:「不能了,以前我的確做過這樣的事,但是,能夠讓我做到這件事的那個人已經死去很久了。」

如果老闆和員工之間可以達成如此深厚的信任程度,那麼,還有什麼困難是企業不能克服的呢?在企業中,能夠使領

導力充分發揮作用的最好前提,便是彼此之間的信任。信任程度越高,領導能力越強,這正是老闆需要明白的管理箴言。

假如,梅鐸對自己的助理沒有基本的信任,他會放心將辛苦打下的半壁江山授權給他,讓其管理嗎?一定不會。所以,在授權給下屬時,首先與下屬之間有完全的信任。

如果老闆與員工之間可以做到這點,那麼,不僅自己的管理境界可以提升一個層次,老闆的工作也必將輕鬆很多。

2. 勇於授權

作為企業的老闆,一定要明白一個關鍵問題:授權不等於放權。授權是指老闆將某項工作全權交給員工自主處理,但是絕對不是放任不管,適當地監督與督促也在授權範圍之內。

梅鐸在將《新聞報》授權給自己的老員工後,並不是放任不管,而是暗中觀察,從宏觀角度上調控和監督,放手讓他去做,同時不使其脫離自己的掌控。

我們了解了授權並不等於放權,更要明白授權也不等於棄權。首先,授權的目的,是為了提高企業的監控力度與掌控力度,其次,授權也是為了提高老闆的管理發揮程度。正如傑克‧威爾許的經典名言:「管得少就是管得好。」

老闆應該掌控整個企業體系,而不是抓緊企業內部的每一個細節。一個不懂得授權的老闆,企業中只有唯命是從,只有

第七章　勇於授權

硬性發展,不能有任何創新、突破。即使老闆操心費神,企業中也不會產生太多生氣和創造力。因為老闆將企業發展的重擔扛到了自己肩上,肩上的擔子不斷加重,而老闆卻學不會尋找信任的人幫助,那麼,這樣的企業是走不遠,也長不大的。

3. 學會更輕鬆的梅鐸

老闆學會了授權,就可以獲得更多幫助自己管理企業的管理者。我們需要進行的管理工作不再是企業整體的細緻管理,而是向企業管理者有效傳達管理理念及策略。

另外,我們還需要培養這些企業管理者,「授之以魚」的同時還要「授之以漁」。將我們自身的管理經驗、管理策略傳授給企業管理者,以便他們更好地幫助自己管理企業。老闆無須擔心自己的管理技能被管理者模仿,從而超越自己,因為傳承管理方法正是領導力的一種展現。一家優秀的企業,一個成功的老闆,必然需要諸多優秀管理者的支持與幫助。

4. 學會謙虛管理

老闆雖然不用事必躬親,但是不能對企業放任不管。在企業團隊中,老闆依然是核心,那麼就要發揮核心的作用。當我們對企業員工進行適當的指導時,盡量保持謙虛的管理態度,讓員工覺得受到我們的指導是幫助,而不是批評與諷刺。

由「事必躬親」的老闆走向「事不躬親」的領導者,是所有

老闆都要經歷的過程。老闆要學會及時轉變觀念,學會轉化管理方式,這是加速企業發展的一個最好途徑。

名存實亡的授權會加劇「內耗」

授權管理已經成為必要的管理方式,但是有些老闆只懂得名義上的授權,在實際工作中仍然有諸多干涉。如此一來,授權就成為了「名存實亡」,對於企業發展而言,不僅沒有進步,反而加劇了內耗。

簡而言之,老闆必須懂得,雖然可以檢查與監督被授權者的工作,但是絕對不能干涉。我們可以掌握授權後員工的工作進展程度,或者要求被授權者及時回饋工作內容,以及在必要的時候引導和糾正偏離目標的發展行為,但是,授權要確保一個分寸,一個可以讓被授權者充分發揮自己實力的分寸。

對於老闆而言,授權絕對不是一句「這件事我放心交給你了,你放手去做吧」如此簡單,授權也是一種管理藝術,老闆學會從繁雜的事務中脫身,但卻不影響自己對企業的掌控程度,反而更具整體的策略發展眼光,才可以稱得上聰明、徹底的授權。

梅鐸在兼併了伯斯市的《星期日時報》,並壟斷了伯斯和

第七章　勇於授權

阿得雷德兩市報業後,開始疲憊不堪,對企業發展力不從心,對企業管理疲於奔命,梅鐸本人筋疲力盡。這都是源於他還沒有明白授權的重要性。在明白之後,他果斷授權,即使遭到所有人的反對,他依然選擇授權,隨後,他果然能夠更好地關心企業的發展,取得良好的「授權效果」。

身為老闆,我們應該明白很多授權無法發揮良好效果的主要原因有以下兩個:

1. 授權心態存在問題

有些老闆在授權之時猶豫不決:「我把權力給你,如果你搞砸了,不僅對企業有影響,身為老闆在面子上也過不去。」

在這種情況下,授權也就成了「名存實亡」,雖然名義上已經授權,但是從主管到員工,老闆仍然是自己掌控,事事需要簽字、參與,老闆還到處埋伏自己的眼線,暗中監督授權者,最終導致授權不徹底,被授權者心寒無奈。一項本應該帶動企業發展的工作分配成為了阻礙企業發展、導致人才流失的錯誤決定。

2. 缺乏明確的授權規劃

很多老闆到了今日,仍舊認為授權就是給予被授權者一個職位和一種權力。至於怎麼做、如何做,被授權人自己去研究就好了。

名存實亡的授權會加劇「內耗」

這種授權行為附帶很大的風險。如果老闆未能自己制定一個完整的授權計畫，那麼千萬不要執行授權工作。授權包括授權對象、授權內容以及授權目標，當老闆未明確這些授權因素時，授權就成為一種盲目的工作。老闆首先需要和被授權人進行充分的溝通，了解對方的意向，然後制定出一個授權計畫，以及授權後企業發展的路線、被授權人應該遵循的方向和授權的目的及目標。否則，一切授權行為都會為企業帶來額外的風險。

針對這些容易引發企業危機的授權風險，老闆可以對授權工作制定授權流程：

一是制定授權計畫。授權之前，老闆需要先評估授權工作，了解工作內容與職責，思考是否有執行性，以及授權後是否可以為企業帶來良性影響。

透過分析當前即將授權的主要工作，找出工作當中必須授權，以及並不必要授權的關鍵點。然後根據授權工作的重要程度評估風險，並思考授權給哪些員工最有利於當前工作的完成。

此外，老闆還需要選擇最恰當的授權方式以及授權程度，絕對不能讓員工認為授權是「老闆不願意啃的硬骨頭」，老闆要清楚，授權不僅是為了節省自己的時間，更是為了加速企業內部發展，如果授權工作在減輕了老闆自身負擔的前提下，加重了企業整體的負擔，那麼授權便得不償失了。

第七章　勇於授權

　　二是選擇合適的被授權人。授權工作必須和被授權人的特質相符，換而言之就是把權力授予最合適的人，而不是能力最強的人。老闆在選定被授權人時，需要充分了解他們的工作能力以及個人特點，只有充分了解了，老闆才會對被授權人產生足夠的信心，給予足夠的信任，對方也更願意接受授權的工作。

　　三是在授權過程中，確保授權內容雙方清楚明確，並針對授權行為達成一致的共識。很多授權工作最終未能達成目標的主要原因，是授權過程中雙方出現了授權意識的偏差。老闆與員工之間出現了誤解，最終導致授權目標未能完成，或者授權後發展方向出現偏離。

　　針對這種情況，老闆在授權過程中，要讓員工充分了解授權的內容，以及最終的授權目標，並及時詢問被授權人對於授權內容的問題。當老闆與被授權者達成初步共識之後，還需要繼續講解授權原因，以及授權工作的重要性，以確保對方已經清楚、明確地了解了授權工作。另外，在授權過程中，老闆雖然可以強調授權工作的重要性，但是盡量不要給被授權人帶來過大的壓力，否則，授權工作的良好效果會受到影響，或者導致被授權人誤解老闆的授權意圖。

　　四是授權後的風險承擔。很多老闆無法做到徹底授權，正是因為缺乏授權風險的承擔。當被授權人出現工作紕漏、發展

名存實亡的授權會加劇「內耗」

方向有誤時，老闆未給予幫助和指導，而是選擇直接收回權力。這就導致很多被授權人遭受雙重打擊，在工作失誤的同時，更失去了老闆的信任。

其實，很多老闆並非徹底不再信任被授權人，而是為了及時制止或挽回損失，採取了過激的措施。老闆應該具備一定的風險承擔能力，在授權後出現問題時，及時給予幫助與指導，讓被授權人自己及時挽回損失，如此一來，被授權人才會更加努力地完成授權內容，並提升自己。

五是授權張弛有度。對於老闆而言，授權並非在與被授權人交代完授權工作後就徹底結束了，老闆必須定期追蹤、觀察授權工作的進度。在這個過程中，老闆還需要及時給予下屬應得的讚賞，並且及時回饋被授權人提出的發展建議。尤其是在授權初期，老闆可以適當多追蹤，確保授權內容發展正確。當被授權人將授權工作帶上正軌之後，老闆才可以放鬆對授權工作的追蹤。

六是授權工作總結。所謂授權工作總結，並非一定要等到授權目標完成之後，而是在被授權人充分理解了老闆的授權意圖，並且將授權工作做到位之後。老闆透過對授權過程的總結，可以更加清楚、準確地掌握授權的程度及授權方式的選擇。一個聰明的老闆在完成一次授權之後，就可以學會各種程度、類型的授權。

第七章　勇於授權

授權與收權是翹翹板，要保持其平衡

很多老闆提到「權力」二字時，往往會覺得頭痛，尤其是企業內部的權力分配，許多老闆覺得暈頭轉向。如何授權，如何收權，又如何在授權與收權過程中保持兩者的平衡，避免不良因素的出現，成為許多老闆面臨的難題。

雖然我們明白任何一家企業僅僅依靠老闆的個人實力是無法發展和壯大的，但是面對招募來的大批員工，以及市場中的諸多商機，如何將權力合理分配到企業當中，確保企業發展最大化，是老闆不斷研究的命題。

了解了老闆授權的流程與重點之後，還需要了解收權的巧妙做法，以此來保證老闆對企業的掌控，且保證企業內部權力的良好分配。

很多老闆雖然懂得授權，卻不知道如何收權。其實，授權與收權是兩種密切相關的企業管理方式。兩者只有達到平衡，權力才會在老闆手中發揮最大作用。無法做到良好收權的主要原因也與授權有一定的關係，可以說，不懂授權的老闆一定不懂得如何收權。

梅鐸雖然不顧眾人反對，將自己的權力分了出去，而且是全部分出去，但是重要的是，主動權在他手中，所有的被授權人依然是梅鐸在控制、管理，所以，梅鐸的高明之處在於，他

懂得授權，也懂得如何收權。這其中的關鍵在於掌握好分寸，始終將牽制企業的線掌握在自己手中。

很多老闆在授權過程中，不只是授權徹底，而是授權過度。老闆不僅給予被授權人「尚方寶劍」，還給予對方「免死金牌」，將自己掌控被授權人的權力一併交給了對方。這種授權方式是錯的。

首先，老闆已經失去了對被授權人的掌控能力，被授權人成為授權過程前後的主導人物。授權之後，由於被授權人失去了老闆的指導和幫助，很容易在工作中犯錯，而這些錯是老闆無法挽回的。

其次，老闆錯誤定位自己的角色。無論老闆如何授權，老闆始終是企業的唯一領導者，這個原則是不可違背的。

授權只是企業發展過程中，老闆管理手段的一種，是透過這種管理方式，促使企業發展得更強大的策略，絕不是將企業權力當作員工福利分配給被授權人。無論被授權人具備多強的能力，對企業多麼盡職負責、忠誠可靠，都不能成為取代老闆的人物。

因此，老闆必須確保自己對企業獨有的領導力和影響力，否則授權之後，雖然可以減輕老闆的工作負擔，但是企業發展過程中，卻大大增加了老闆的收權負擔。當被授權者所展示出的能力超越了老闆後，則會對老闆自身產生一定的威脅。雖然兩者都是在帶領企業發展，但是不能夠良好地收權，企業當中

第七章　勇於授權

就會出現官僚主義、形式主義，以及濫權、專權的現象，這一系列勾心鬥角的狀況是企業發展效率低下的主要原因，因此，老闆在授權之時，必須要認真思考如何進行收權。

對於老闆而言，授權和收權雖然是相對的，但絕對是一體的。授權要充分，收權要及時，這是一個度的掌握問題，老闆掌握這個度也要有一定的技巧。

這個度的權衡方式，首先要根據企業發展的當前情況，以及老闆制定的發展策略來決定。授權時，老闆要確保權力授予方式程度明確，並且清楚劃分被授權人的職責範圍。

其次，無論老闆進行怎麼樣的授權，都不能影響企業內部的各項管理制度。只有在制度之內的授權工作才是適度的，而制度之外的授權往往是無法收回的。

最後，收權的時機掌握，需要老闆準確地監督被授權人。準確監督並非長期監督，否則會導致無法徹底授權，準確監督是根據授權後企業發展的形勢，以及授權效果進行合理的掌握。

被授權人利用所授權力在職責範圍內、企業制度約束內最大化地完成授權目標後，是最佳的獎勵被授權人的時機，也是收權的正確時機。

至於何種權力應該授予員工、何種權力不能授予員工，老闆需要針對企業的特點選擇。

一般而言，涉及企業主體發展方向的領導策略權力是不能

對外授予的;企業內部一些重大的財務決策同樣也是不能授權的,往往我們授權的主要方面在於幫助企業發展、解決企業面臨的困難,以及分擔老闆工作瑣事等方面。

在企業管理過程中,老闆一定要掌控好授權與收權的平衡。一個聰明的老闆絕對不會因為不懂得授權而阻礙企業發展,必然也不會因為不懂得收權而喪失對企業的掌控能力。授權與收權在老闆手中就像一個翹翹板,它們總是此消彼長,兩者互相制約,老闆只有掌握了最佳的平衡方式,才能夠將權力轉化為企業發展的動力。

老闆的授權技巧測試

1. 授權授的是什麼?
   A. 工作本身和員工的資質
   B. 工作本身和領導力
   C. 工作本身和權力

2. 下面哪一個不能防止權力濫用?
   A. 權力的人格化
   B. 對權力濫用者設立一定的懲罰措施
   C. 權力行使程式化

第七章　勇於授權

3. 下面哪一個不屬於授權中定期監督的作用？
   A. 確定檢查內容
   B. 確定檢查評價標準
   C. 確定檢查形式

4. 在授權中，什麼對工作業績有著決定性作用？
   A. 承擔責任
   B. 提供的資源
   C. 分享的權力

5. 下面哪個不能展現授權的意義？
   A. 使員工得到更多發展機會
   B. 信任員工，及時激勵員工，提高其責任心
   C. 員工終於得以解脫

6. 領導者一般不願意授權的原因有很多，下面哪一個不屬於原因？
   A. 缺乏信任，懷疑員工的能力
   B. 害怕員工成長起來威脅到自己的地位
   C. 主觀認為員工能夠做得更快更好

7. 成功授權需要哪個必要條件？
   A. 正確的授權態度

B. 被授權人的資質

C. 被授權人的意願

8. 授權最主要的內容是什麼？

    A. 員工擁有充分的支配授權工作的權力

    B. 執行工作、期望效果、達成目標

    C. 管理者徹底放棄了控制的權力

9. 模糊授權的本質是什麼？

    A. 放任性授權

    B. 約束性授權

    C. 擴大性授權

10. 目前，授權的基本趨勢是什麼？

    A. 分化組織結構

    B. 調整組織結構

    C. 優化組織結構

11. 管理者在授權中享有很多權力，其中不包括：

    A. 監督控制權

    B. 指揮權

    C. 了解權

第七章　勇於授權

12. 關於「撤銷授權」，下面哪一個是不正確的？
    A. 撤銷授權是對授權的終極控制手段，是對授權本身的部分否定
    B. 管理者在嚴格對待授權工作的控制過程中實施
    C. 撤銷授權是對授權的終極控制手段，是對授權本身的完全否定

13. 管理者的角色正在向什麼角色轉變？
    A. 保母型領導者
    B. 教練型領導者
    C. 員工型領導者

14. 授權後激勵員工的根本原因在於：
    A. 管理者採取積極的姿態，讓被授權者感受到被尊重和自我價值
    B. 管理者採取積極的姿態，讓被授權者感受到公司的要求和期望
    C. 管理者採取消極的姿態，讓被授權者感受到來自公司的壓力

15. 授權的重點在於：
    A. 如何分配權力，從而讓領導者擁有更多權力
    B. 如何分配權力，讓員工擁有更多權力

C. 如何集中權力，讓員工擁有更多權力

計分方法和分數解釋：

以上各題的正確答案分別是：

1-5 CACBC　6-10 CABAC　11-15 BABAB

如果對於以上問題，各位老闆還不能完全答對、理解，那就一定要在授權與收權方面多多學習。

第七章　勇於授權

第八章
善於溝通

　　企業是一臺沒有總開關,卻有中央處理器的機器。老闆在企業面前絕對不是控制者,而是操作者。我們想要使用這臺機器實現我們的目的,必須具備內部調節能力。善用溝通能力,幫助企業連接內部線路;善用調節能力,幫助企業內部減少零件摩擦。這是老闆操作企業的基本準則,也只有完善了這種能力,老闆才能夠百分之百地掌控企業。

第八章　善於溝通

企業「政治」產生的負效應

自古以來,「政治」都是領導者手中的一把利器,只要「政治」玩得好,追隨者既可以不斷優化,又可以確保忠心。

某熱帶魚市場的田老闆便始終如一地信奉著這一套。田老闆的企業發展多年來,這套企業「政治」運作方法的確幫過田老闆不少忙,田老闆的企業可以在短短兩年內發展到行業前端的位置,與企業「政治」有著密切的關係。

例如,有一年春夏交接之際,對於田老闆而言是企業生死存亡之際。當時熱帶魚市場競爭過於激烈,雖然還沒有進入熱帶魚銷售的旺季,但是市場中已經有多家企業被激烈的競爭所淘汰。作為一家發展關鍵時期的企業,田老闆的熱帶魚銷售公司也面臨著極大壓力。

想要解決眼前的問題,方法只有一個,那便是依靠特殊的孵化技術,提前培育出一些不符合當前季節的熱帶魚苗,並且依靠這些魚苗開啟一片全新的市場。

這時,田老闆把技術總監老劉與市場銷售總監老王叫到了辦公室。田老闆開門見山地說道:「現在的企業形勢你們都清楚,今天叫你們來的目的就是下強制命令。老劉,我給你半個月的時間,不管用什麼方法,必須培育出一些市場中少有,或者沒有的熱帶魚苗,幼苗也可以。老王,市場方面的問題就要

靠你了，這方面你比任何人都在行。一個月時間，我不僅需要你幫我穩住當前市場，還需要半個月後配合老劉進行新產品的市場銷售。這是我們生死存亡的關鍵時期，事情成功了，年底分紅每人五十萬，全部晉升副總經理。事情失敗了，我們公司也就完了，你們不僅要失業，你們的能力肯定也會被同行否定，到時候重新找工作都難。」

經過田老闆這麼一嚇唬，兩人還真覺得自己面臨著重要的挑戰。先不提事情辦成之後的獎勵，如果這次田老闆的命令沒有完成，那麼兩人以後真的有可能喝西北風了。面對這樣的情況，兩人表示決心的話都不說了，直接離開了田老闆的辦公室，著手忙碌起來。

田老闆進行了幾天的追蹤觀察，對兩人的表現十分滿意。老劉那邊已經找到了培育新魚苗的方法，老王的市場活動也產生了一定效果。田老闆的公司開始進入了提升階段。針對這個局勢，田老闆暗暗竊喜。其實公司的局面絕對沒有田老闆形容得那樣嚴重，田老闆對兩人的「嚇唬」不過是一種手段而已。看見自己的手段產生了效果，田老闆十分滿意，暗自覺得企業內部運作就應該這麼做，用點「政治」手段是非常有必要的。

這一年，田老闆的企業發展非常迅速，當然，他也兌現了自己的諾言，如今老劉與老王已經成為企業副總經理，分別管理著企業下屬的兩家分公司。

第八章　善於溝通

　　幾年以後，田老闆的熱帶魚公司已經發展到了一定規模，銷售範圍覆蓋了整個北部市場。然而這時，田老闆開始思考新的問題。他開始覺得手下的兩位得力幹部已經對他產生了威脅，有功高蓋主的嫌疑，而且田老闆覺得這兩人無意間削弱了自己對企業的掌控力度，恐怕過不了多久，兩人很有可能「獨立」出去。是時候再採取一些「政治」手段來解決一下問題了。

　　田老闆為了避免猜想中的事情發生，開始做一些無中生有的事情，其目的就是為了制約，並削弱曾經的得力助手對企業的管理程度。

　　有一天晚上，田老闆單獨約了老劉吃晚餐。田老闆表現得十分熱情，在餐桌上頻頻勸酒，並對老劉大力讚賞。田老闆說：「老劉啊，這些年來，我們公司幸虧有你在，不然早被其他同行擊垮了。自從你找到了不受季節影響的魚苗培育方法，我們公司的產品在市場中長期受歡迎。公司有今天，你絕對是第一功臣。上次我和老王這麼說，他還不服氣，他說公司發展到今天，論功勞他才是第一，是他的市場做得好，我們的產品才賣得好。為了這句話，我還特地跟他吵了一次。不過，他也為我們公司出了不少力，我自然不會真的生氣，但是我還是認為你才是公司的第一功臣。」

　　老劉聽了田老闆的話，產生了一絲疑慮，自己和老王也是多年的搭檔，對老王的為人也算了解，自己絕對不會相信老王

企業「政治」產生的負效應

會在背後與自己爭功。但是這話既然出自田老闆之口，多少也有幾分可信度，於是老劉說道：「田老闆，我和老王也算多年的搭檔，企業發展到今天，誰也離不開誰，哪有什麼第一功臣、第二功臣之分，都是為了公司的未來，不會計較功勞什麼的。」

而田老闆卻又說道：「這哪裡行，第一功臣就是第一功臣。以後企業做大了，我們還要上市，我們要成立董事會、要分股份，你是第一功臣，你的位置就一定要靠上，這是不能改變的事實，你放心，到時候老王那邊我去和他溝通，我可以保證，你絕對是公司未來的主要支柱。不過這些話你要保密，千萬別讓老王知道，有礙大家團結。我們心裡明白就好了。」

老劉對田老闆的話仍舊半信半疑，吃完飯後，老劉反覆思考了田老闆的話，總覺得老王不會背叛自己，更不會針對自己，但是田老闆應該不會無中生有，應該找個機會好好和老王溝通一下。

可是，老劉還沒有找到機會與老王坐一坐，田老闆卻先一步得手。同樣的話，田老闆這次用到了老王身上。老王年紀比田老闆還要大，論輩分，老劉已經算是老王的晚輩了。聽田老闆講到老劉對自己如此不尊重，老王心裡也產生了怨氣。不過老王也有懷疑，老劉與自己配合這麼多年，做事吃苦耐勞，而且從來沒有一句怨言，應該不會說出這樣的話，難道這是田老闆在試探自己？

第八章　善於溝通

這幾天,老王與老劉之間出現了一些隔閡,見面後也顯得有些尷尬。兩人心裡有事困擾,自然對工作產生了一定影響。而田老闆此時卻非常高興,因為他想要的正是這個效果。這幾天田老闆經常小題大做,對兩人這些天在工作上出現的小紕漏揪住不放,時不時當著兩人的面罵其中一人,田老闆的這些行為好像是做給其中一方看,卻在無形中收回了企業一定的控制權力。

經過幾天的做戲,田老闆非常順利地收回了企業控制權,正當他以為自己的「政治」手段又一次發揮作用時,一件意想不到的事情發生了。

原來,這幾天老劉與老王都十分苦惱。兩人一想到自己多年的合作夥伴會在背後詆毀自己就感覺不踏實。終於,老劉首先忍不住,找到老王詳談了一次。兩人交談之後恍然大悟,原來這一切都是田老闆設的局,看來自己的確跟錯了人,忠心付出這麼多年,卻換來了這樣的對待,兩人對田老闆徹底心灰意冷。

又是一個週一,田老闆的公司按例召開一週的早會。這天早上,會議室的辦公桌上沒有出現老劉與老王的蹤影,而是在兩人的位置上,分別放著一封辭職信。田老闆看著這兩封辭職信徹底傻了眼。這兩人的離去給企業帶來沉重的運作壓力,兩人不僅帶走了企業的重要技術與大面積市場,更讓其他企業管

理者對田老闆的人品產生了質疑。

田老闆這次早會沒有發表一句話，而是看著天花板陷入了沉思。只是眾人不知，田老闆是在為此感覺懊悔，還是在繼續思考自己的企業「政治」。

溝通是老闆的基本功

田老闆的企業之所以獲得了一定的成功，正是因老劉與老王之間形成了良好的默契，為企業的發展提供了主要的動力。在田老闆調動老劉與老王的積極性時，他表現出了一定的溝通能力與管理技巧。只可惜，田老闆將這些基本能力認定為企業「政治」，最後只能一敗塗地。

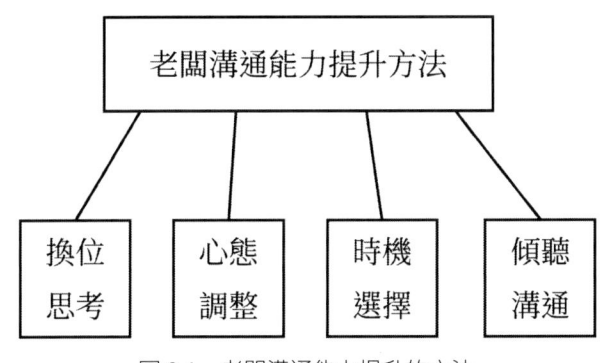

圖 8-1　老闆溝通能力提升的方法

第八章　善於溝通

有些老闆經常責怪自己的員工悟性太低，反應太慢，很多事不能夠做到及時心領神會。如果我們只會一味地對員工抱怨，那則證明我們不是一個稱職的老闆。因為老闆作為企業的核心人物應該更加主動，當有些員工不能及時領會我們的意圖時，我們應該思考是否是因為自己的表達、溝通方式有問題，導致了這種情況的發生，而我們應該如何改善這種狀況。

老闆的溝通能力好比企業運作的潤滑劑，如果我們可以清楚自己與員工之間的所有溝通障礙，企業的運作速度則可以提升到一個很高的層次。因此，老闆一定要提升自己的溝通藝術、加強溝通能力，做一個善於溝通的領導者。

1. 換位思考溝通法

老闆想要員工及時理解自己的意圖，不能單純依靠命令，否則會導致員工無法在保證品質的前提下地完成工作。我們想讓對方準確地理解自己的意圖，就一定要站在對方的角度來思考問題。怎麼樣表達對方最容易接受、理解，清楚分析對方的心態和心理變化，並結合自己的溝通方式，從而達到對方全面接受自己資訊的目的。

另外，老闆與下屬溝通時，容易出現一種隔閡，這種隔閡來源於身分的差別。員工往往會把老闆的意見、指導當作命令硬性執行。這也是企業內部經常出現的老闆與員工之間的溝通障礙。

例如，老闆直接建議某位員工調整某種產品的加工順序，其目的是為了提升加工效率。然而，員工則把老闆的建議當成了命令，對一些合理的加工順序也進行了硬性調整，從而降低了產出，這種情況在企業內部屢見不鮮。如果老闆可以調整一下溝通方式，站在對方的角度思考，將直白的建議改為柔和、委婉的表達，則可以有效避免這種情況的發生。

2. 心態調整法

溝通是建立在相互尊重、信任基礎上的。雖然老闆與員工的身分有差別，然而人人卻是平等的。因此老闆需要在溝通過程中考慮到員工的自尊心，以坦誠、真誠的態度與員工溝通。否則很容易讓員工感覺老闆在「擺架子」，從而產生牴觸情緒，導致老闆與員工的溝通毫無效果。

老闆與員工溝通時，先調整心態，將自己擺放在與員工同等地位上，然後採用兩種技巧調整員工的心態：

第一種是尋找心態共同點。例如，員工感覺老闆分配的工作難度加高，我們可以及時調整對方的心態，簡單的安慰和鼓勵：「我知道這個工作內容有一定難度，以往我也曾面對過相同的難題，不過雖然麻煩，但是仍然可以解決，以你的聰明才智，相信你可以比我解決得更快。」

第二種則是尋找共同話題。當員工礙於與老闆身分有差

別，不願意表達真實想法時，老闆則可以尋找一些共同話題來引導。例如：「面對這種工作，我個人覺得那裡最具挑戰，或者那裡最容易出錯，不知道你是否也有相同的感受。」只有掌握了共同話題，老闆才容易了解員工的真實想法。

3. 時機選擇法

溝通講究時機，老闆溝通自然也不例外。很多老闆喜歡在企業發薪當天，下達下一個工作內容與發展目標，因為這時往往是員工最容易接受的。

我們與他人之間的任何溝通都應該選擇恰當的時機，不僅要考慮對方的情緒，更需要結合當時的氛圍，從而得知對方的真實想法。時機是影響溝通效果的關鍵因素，對溝通的時間、地點的準確掌握是增強溝通效果的重要保障。

雖然田老闆為我們帶來了一個反面案例，但是田老闆在選擇溝通的時機上，卻擁有一定的掌握能力。田老闆懂得何時激勵老劉與老王，並了解這個時機可能會產生多大的激勵作用，這是老闆們應該學習的能力。

如果老闆發覺當前的談話時機並不是最佳的，則可以根據溝通對方的性格特點、文化素養以及業餘愛好來改善溝通氛圍，並且將談話內容委婉、詼諧地傳達對方。這些方式都可以幫助領導創造談話時機，提升溝通效果。

在田老闆第一次激勵老劉與老王時，他便創造了一定的時機。田老闆將企業面臨的困難擴大，創造了一個生死存亡的時機，更將這個時機連結了老劉與老王自身，從而最大化地激勵了兩人的工作積極性，產生了極大的效果。

4. 傾聽溝通法

老闆想提升自己的溝通表達能力，就一定要學會傾聽對方的心聲。溝通本身是一個相互的過程，想要提升溝通效果，不能僅從自身出發，還需要透過傾聽對方的表達、了解對方的想法來互動溝通。

老闆良好的溝通能力展現在不詢問，卻可以了解對方的真實意圖，不回答，就可以讓對方領悟到自己的意圖。而這種溝通效果恰恰不能缺少傾聽的幫助。透過我們傾聽對方的談話，了解對方的溝通方式、談話習慣，並洞察對方的溝通意圖，根據對方的特點相應回饋。

因此，身為老闆千萬不要認為傾聽對方就會使自己處於一種不利的溝通地位，更不能依靠言語的多少來衡量溝通效果。傾聽也是一種溝通，利用對方的語言表達自己的意思，才是最高的溝通境界。

第八章　善於溝通

充當溝通的橋梁，連線「孤島」

老闆的溝通不僅僅是企業內部運作的潤滑劑，更是企業各部門之間的橋接器，透過老闆的溝通，企業內部才能夠四通八達，發揮出更強大的團隊實力。

對於老闆而言，企業內部出現的諸多棘手問題都可以透過溝通來快速解決，而將自身的溝通能力順利轉化為企業內部的調節能力，則是老闆們需要學習的一門學問。

田老闆的企業擁有一定的運氣因素，才可以發展到今天的規模。因為企業內部兩大支柱在缺乏老闆調節的前提下，實現了一種自我溝通，老王與老劉之間建立了良好的合作關係，並且兩人的配合十分默契。

然而，身為老闆，我們不能將運氣因素當作領導力，只有不斷完善自己，才能夠獲得成功。

1. 老闆要培養一種積極主動的溝通意識

很多老闆雖然具備良好的溝通能力，但是缺乏積極的溝通意識。在企業內部惜字如金，在員工面前表現得十分嚴肅。這些老闆雖然自身能力強，但是未能理解溝通對於企業而言，是一種良好的協調工具，更是有效連接企業各部門的橋梁。

身為老闆，在積極溝通的過程中，可以樹立良好的威信，

調整各種資源，調節各個單位的關係，使資源得到良好整合，使員工能統一行動。如果我們不具備積極的溝通意識，則很難發現企業內部潛藏的問題，更無法凝聚團隊內部的戰鬥力。老闆的溝通協調能力主要展現在兩個方面：

（1）有效地消除管理過程中出現的管理障礙，並加速管理過程。企業內部的各個單位關係不融洽、運作契合程度不達標，老闆首先不要責怪各個單位的負責人，而是應該自我審查，審查自己是否在各個單位之間做了有效連接。

有些老闆認為，我們把工作合理分配到企業內部，工作是否可以完成，與老闆已經沒有了關係，這種態度是一種不負責任的表現。老闆分配完工作任務之後，還有一項重要的工作，就是及時與企業內部單位溝通，這種溝通正是老闆消除管理障礙、加速管理過程的表現。

（2）確保企業長期保持良好、積極的發展心態。一個成功的老闆身後必定有一個積極向上的企業。老闆的這種堅實後盾絕對不是依靠居高臨下、盛氣凌人的命令方式獲得的，而是透過一種謙和、真誠、有耐心的溝通協調被賦予的。

老闆都希望自己的團隊具有強大的凝聚力，而強大的團隊凝聚力恰恰需要老闆的合理溝通。這不僅展現在老闆及時去除團隊內部的各種芥蒂，還決定於老闆是否可以利用溝通調節能力展示個人魅力，從而增強感染力，令團隊成員不由自主地跟隨自己。

第八章　善於溝通

2. 提升溝通能力需要具備協調技巧

　　溝通協調也要講究技巧。簡單來說，老闆的溝通協調技巧可以從三個方面展現：

　　首先，協調利益。企業內部利益分配雖然是公平的，但是不均衡，這就成為了老闆需要溝通協調的重點之一。老闆需要在溝通時，展現出企業利益分配公平的原則，且企業內部的每一個單位、每一位員工都會獲得相應的回報。

　　其次，態度協調。大多數人對待事物的態度取決於事物本身對自己產生的意義與價值。老闆在發揮溝通協調作用時，一定要做心理暗示，盡量將企業發展與企業內部每一位員工的價值觀相連結。如此一來，企業內部才會凝聚出一種團結的力量，發揮出更大的實力。

　　最後，行為調節。行為調節是溝通協調中最容易被實現的協調方式。然而，我們協調的方向需要明確，首先是團隊合作，其次是鞏固關係，最後才是執行企業指令。只有透過老闆的溝通，讓企業內部所有人感覺到企業發展並不只是工作，而是分內的義務，企業的內部力量才得以展現。

建立暢達的溝通機制，打破單向溝通困局

我們都知道，目前成功的大型企業當中都已經建立了良好的溝通機制，這個機制的建立，幫助這些企業減少了企業發展過程中大量錯誤選擇的出現。然而，很多老闆在了解這個資訊後，將重點放在了「大型企業」之上，而忽略了「成功」二字。其實，並非只有大型企業才具備自己的溝通機制，而是因為特有的溝通機制促進了他們的成功，從而走進了大型企業的行列。

我們一定要明白這樣一個道理，老闆想要獲得成功，就一定要建立屬於自己企業的溝通機制，而這種機制必須完整、暢達，並且符合企業發展特點。總體來說，企業都具備自己的溝通機制，然而這些溝通機制是否伴隨企業發展而不斷更新，是企業能否成功的關鍵。那麼，如何更新企業內部的溝通機制呢？

首先，老闆需要明白，企業內部的溝通需要我們大量的聆聽。其實聆聽對於老闆而言，也是一種學習與收穫，發展過程中，大多數優秀的發展策略正是我們看到的、聽到的，而少數才是自己創造的。

企業內部的不同意見和建議對於老闆而言，並非都是牴觸，其中夾雜著大量的想法與創意，老闆對待這些聲音時，應

第八章　善於溝通

該如同對待市場發展一樣，要深入地分析這些聲音，透過這些意見與建議，了解企業發展過程中成功的因素與失敗的癥結，從而使得老闆的發展思路更加明朗。

其次，建立良好的溝通機制可以幫助老闆減少更多的溝通障礙。雖然我們一直在強調老闆與員工之間的溝通應該更加平等、更加通達，然而，兩者的身分差距變成了不可消除的障礙因素，而建立非正式的溝通管道則大大開放了員工的溝通道路，減少了彼此溝通時產生的約束與壓力，從而提高了溝通積極性，讓企業內部資訊流通更加暢快。

了解了這兩點之後，我們才能夠從企業的角度出發，建立符合企業的溝通機制。

1. 溝通機制必須具備平等性

企業內部溝通機制的建立必須具備平等性，否則這個機制將失去原有的意義。老闆建立溝通機制的目的，不僅是為了增加企業內部溝通的頻率，還期望深入了解當前企業存在的問題。那麼，我們則需要在溝通機制中消除職位的優勢，確保所有溝通者處於平等地位，如此一來，不僅讓員工覺得自身受到重視，更可以徹底地了解企業內部的所有問題及員工的真實想法。

老闆與企業內部主要的溝通障礙，在於企業底層人士不容易與老闆溝通。而我們建立的平等溝通機制則讓企業內部的很

多真實想法得以展現,所有問題都可以第一時間被察覺,這才是建立溝通機制的主要目的。

2. 溝通機制的設定規則

隨著企業的發展,很多企業的溝通機制被更新得過於複雜,資訊傳達需要一步步地稽核,這使得資訊溝通機制失去了原有的意義。資訊傳達不斷滯後、減弱,雖然很多老闆更新溝通機制的初衷是為了優化機制,然而,溝通機制的環節增加、運作複雜則徹底影響了溝通機制的存在意義。

因此,我們需要明確企業溝通機制的設定規則:

(1)確保溝通暢達。雖然可以設定一定的資訊篩選環節,去除一些無用的資訊,但是絕對不能影響到溝通速度。

(2)溝通機制應該以企業發展為主線,不增添其他的溝通單位。例如,有些企業建立自己的娛樂活動溝通管道,這個管道不應該被劃分在企業內部發展溝通機制當中,否則,大量的雜訊會侵入正常的企業發展資訊交流管道,影響機制發展。

(3)溝通機制各個環節應該具備協調性。雖然溝通機制環節眾多,但是不能相互產生不利影響,尤其是不能產生同級制約。例如品管部門的資訊不能對加工部門產生影響,加工部門不應該對原材料部門產生制約,而是應該相互配合,共同解決企業發展的問題。

第八章　善於溝通

（4）定期改造溝通機制。透過對使用者的調查回饋，不斷更新溝通機制也是企業發展的需求。

3. 溝通機制的分層策略

健全的溝通機制應該是有層次，但是無阻礙的。企業底層發出的資訊如果是對企業產生良好作用的，應該第一時間傳達給老闆。而一切企業內部出現的小問題、小紕漏應該由各層管理者自覺解決。

如何建立如此健全，而又有層次的溝通機制呢？

首先，建立不同的溝通平臺。如內部問題資訊平臺、企業服務資訊平臺、員工評論資訊平臺，以及創意策劃資訊平臺。根據這些平臺的性質分類資訊，然後再傳達資訊。

其次，根據平臺的種類，任命不同的資訊管理者。這種資訊管理者並非管理資訊平臺自身，而是篩選與分類資訊。

人與人之間需要溝通，企業內部更需要對話。老闆並不能依靠個人有效地連結到企業的每一個角落，但是，老闆可以建立自己的溝通機制，聽到企業的每一個聲音，拒絕單向交流，傳達企業內部所有信息，是老闆帶領企業發展過程中的主要責任。

負面情緒也有積極面

作為現代企業的老闆，應該以全新方式對待員工，其實每位員工都具有驚人的潛力，但是，同時也擁有複雜的情感，如何在情感作用下使員工發揮潛力，成為老闆們應該思考的問題之一。

事實表明，具有豐富情感的團隊，往往能獲得更傑出的成就，而一些過於死板、缺乏感情的企業，發展速度卻不盡如人意。有些老闆覺得很奇怪，為什麼聽話的員工不懂事，懂事的員工不聽話呢？其實，並非員工真的不懂事，而是我們對企業缺乏情感交流的管理方式，導致了企業成長緩慢的狀況。

講述微軟公司發展歷史的《十年蹉跎》一書中就曾提到過這樣一則故事：

微軟公司中存在這樣一位工程師，這位工程師長期對微軟保持著一種怨氣，甚至可以被稱為一種怨恨。然而比爾蓋茲卻十分喜歡這位工程師。

最初，這位工程師來到微軟以前，在美國其他兩家 IT 公司中就職，但是這兩家公司都被微軟公司打垮了。雖然當時這兩家公司規模十分小，但是，由於這兩家公司研發的產品非常有潛力，微軟公司害怕這些小公司日後會對其產生威脅，於是將它們扼殺在了萌芽階段。

第八章 善於溝通

而這位工程師恰巧是這兩家小公司的重要技術人員，微軟公司對他事業的兩次打擊使其幾年的辛苦付之東流。於是，這位工程師在一次特殊的情況下找到了比爾蓋茲，並質問蓋茲：「蓋茲先生，請問貴公司對什麼產品沒有興趣呢？請您明確地告訴我。我已經連續兩次被您逼得失業了。很久以前，我曾經答應自己的女兒為她建造一個小沙池，搭建一個小鞦韆，但是，我現在連一個有後院的房子都買不起。請您直接回答我的問題，我不想新的工作還未穩定，便再次被您的公司打垮。」

蓋茲對這位工程師笑著說道：「那麼，你來我的公司吧，如果你可以把微軟的產品都做得十分有特色，那麼，我就不再需要依靠擊垮其他公司來保護自己了。」

老闆一定要明白，人無完人，員工也有優缺點。硬性矯正員工的缺點所產生的效果很差，而一些聰明的老闆會選擇在員工情感表達過程中發掘他們的優點。

在正常情況下，企業內員工最多可以表現出八種有需求的情緒，而這些情緒的表達恰恰是老闆需要充分關注的。如果老闆忽視了這些需求情緒的表達，則代表老闆減緩了企業的發展腳步。

1. 員工對工作產生的情緒。當員工對自己的工作價值和工作意義產生疑問時，會表達出一種脫離團隊發展的負面情緒。這些情緒產生於員工對工作的價值觀與發展觀存在差異，從這種負面情緒中，老闆應該及時聯想到團隊整體的發展願景以及

組織文化，如果發現兩者出現了問題，則需要及時糾正，促進企業發展。

2. 團隊工作情緒低迷。企業中需要一種充滿激勵的工作環境，如果企業內大部分員工表現出的工作情緒缺乏激情，老闆則需要思考是否應該及時改善工作環境。

3. 員工對企業產生仇恨情緒。企業與員工之間是公平公正的僱傭關係。如果這個關係出現問題，那麼，員工則會感覺自身缺乏足夠的尊重，從而表現出仇恨情緒。老闆面對員工的這些情緒時，應該思考薪資、福利、工作量是否有問題，以便及時制止這種情緒的蔓延。

4. 員工表現出缺乏主動性的情緒。老闆總希望員工可以自主地完成分內的工作，然而，總會有一些員工在某一個時段表現出缺乏主動性的情緒。針對這種情緒，老闆應該思考的則是工作分配的問題，企業內部任務是否需要重新劃分，工作內容是否需要重新分配。缺乏工作興趣是員工缺乏工作主動性的主要原因。

5. 員工表現出無所謂的情緒。當員工對老闆的話語表現出無所謂的情緒時，老闆需要思考兩個問題：第一，是否我們的溝通方式存在問題；第二，是否我們缺乏對員工足夠的認可與肯定。員工產生這種情緒的原因大多數集中於後者，及時給予員工肯定與鼓勵是老闆的分內工作。

第八章　善於溝通

6. 員工表現出對企業發展前景失望的情緒。有些企業發展態勢良好，然而，企業內部員工則感覺企業未來希望渺茫。這時，老闆則應該思考是否過於在意企業發展，而忽略了員工自身的成長。提供更多學習、成長的機會，加強一些員工技能培養，讓員工感覺自己隨時與企業同步發展，是企業發展的重要基礎。

7. 員工表現出對老闆的冷漠情緒。每一位員工都希望企業良好發展，並期望領導者對其產生足夠的重視。雖然老闆不可能做到完全重視企業中的每一位員工，但是卻可以透過資訊分享，讓員工感受到我們對他們的在意。

老闆及時向企業內部所有人分享企業發展資訊，可以讓員工感受到企業、老闆對他們的重視，從而避免冷漠情緒的產生，阻礙企業發展。

8. 員工表現出與其他團隊成員不和的情緒。這種情緒是所有企業中最常見的情緒。老闆對待這種負面情緒的方法不應該局限在懲罰上，而是應該學會在衝突之中尋找員工的優點，從衝突的起因、經過、結果中仔細觀察，從而做到令員工及時意識到自己的錯，同時也感受到老闆的認可。

今日的企業薪水已經不再是掌控員工的唯一手段，工作環境、相應回報、充分認可，以及情緒安撫都關係到員工是否能全心全力為企業付出。

對於老闆而言，只關心短期結果而忽略團隊情感的領導方式，已經不足以帶領企業在現代生存。老闆的領導力是關注企業長期發展、員工工作滿意度的內在表現。成功企業與失敗企業的主要區別之一，正是員工是否能在老闆的領導過程中獲得他們所需要的東西，員工與老闆在心理需求上處於平等的位置，如果我們只懂得全面地滿足自己，那麼是無法長久管員工的。

老闆的溝通能力測試

1. 在自己對員工講解重要觀點時，員工表現得心不在焉，你會：（　）

   A. 大發雷霆

   B. 停止說話，注視員工

   C. 換一種交流方式，或者換一個有趣的話題吸引員工注意

2. 去參加一個討論會回來，向員工傳達討論會內容時，你會：（　）

   A. 詳細述說你所看到和聽到的一切細節

   B. 說些自己認為重要的

   C. 只回答員工的疑問

第八章　善於溝通

3. 你正在主持一個重要的會議，而員工卻在玩他的手機，這時你會：（　）

   A. 幽默地勸告不要玩手機

   B. 大吼：「不要玩手機。」

   C. 裝作沒看見

4. 你在跟員工交流時，助理跑過來說一個重要客戶的電話，這時你會：（　）

   A. 說請客戶稍等，討論完再回電話過去

   B. 請員工見諒，先接電話再討論

   C. 直接去接電話

5. 一位員工對你頻繁表示抱怨：工作累、薪水低。這時你會：（　）

   A. 直接讓其滾蛋

   B. 告訴他以後會調整待遇

   C. 讓其制定一份薪酬改善建議，並承諾如果建議合理，馬上全體員工調整

6. 企業內部主管人員出現矛盾，你會如何解決：（　）

   A. 根據制度，共同責罰

   B. 了解情況後，責罰有錯誤的一方

   C. 了解具體情況，當面進行自我檢討，徹底去除內部隱患

7. 與新員工交流時,你會:( )

   A. 保持嚴肅的態度,以免其犯錯

   B. 保持輕鬆的態度,以免其緊張

   C. 在不同的場合,用不同的態度與之講話

8. 在開始交流時聽到員工與自己不同的意見,你會:( )

   A. 打斷員工,再次強調自己的觀點

   B. 繼續傾聽,並找出對方交流的重點

   C. 不打斷,也不去聽

計分方法和分數解釋:

正確答案順序:C、B、A、B、C、C、C、B

共8題,答對7題以上者證明自己具有良好的溝通能力與思維,7題以下者需要繼續加強自己的溝通能力。

第八章　善於溝通

第九章
鼓勵創新

　　創新，是每個社會發展階段永不過時的追求。身為老闆，想要帶領團隊取得成就，就必須在創新上面下功夫。Google 是眾所周知的科技創新公司。正是因為不斷地創新，Google 才能保持持久不斷的競爭力，在商業競爭中步步致勝。

第九章　鼓勵創新

我們不知道的 Google 祕密

　　Google 公司可以說是當代商業中最具個性的企業，在諸多國際知名企業當中，Google 公司的發展歷史如同一個傳奇般，吸引著無數追隨者與模仿者。Google 公司在當今商界中被我們公認是最具創新能力的公司，但是，太多人把 Google 的創新局限在了 Google 公司的產品之上，其實在 Google 公司的發展歷程中，還有許多我們不知道的創新祕密。

　　在 Google 發展初期，創新力就成為 Google 發展的主要驅動力。可以說 Google 可以在網路時代開創一條嶄新的 IT 之路，恰恰是創新力的功勞。時至今日，Google 對「創新」一詞都保持了前所未有的敏感度，而 Google 也被當今商界認定是創新的同義詞。

　　從第一個創新工作制度開始，Google 公司便走上了一條不尋常的道路。Google 對公司每一個員工實施最大化放權制度，公司不設「打卡」上班規定，所有員工都可以自主安排自己的工作時間。

　　相信很多老闆對這一點非常不理解，我們一直在強調公司制度的重要性，為何 Google 公司卻依靠廢棄制度而獲得發展呢？其實，Google 公司並沒有廢棄制度，而是選擇了一種將制度融入員工生活的經營方式，這種企業營運制度上的創新是

Google 公司的最大特色之一。

另外，Google 公司在員工管理上，同樣採取了一種創新方法，便是「無特權」管理法。公司內部所有員工在工作問題上處於平等位置，專案經理、技術主管都需要參與具體工作，員工之間沒有明確的上下級關係，為了最大化工作效率，員工可以直接找公司總經理談話，也可以與任何人進行平等的溝通。這種消除企業內部資訊交流阻礙的創新，使得 Google 公司內部所有員工都具備強烈的責任感，這也是為何 Google 公司員工是全球企業忠誠度最高員工的原因。

在 Google 公司內，由於溝通無限制，所有產品都會最大幅度地融合各個部門的創新方案，只要員工有好的創意，甚至是好的想法都可以在 Google 公司的實際工作中展現出來。

例如，Google 公司的兩位創始人之一，賴利‧佩吉（Larry Page）就會創造一些「新鮮」的產品來激發員工想法、活躍公司氣氛。有一次，Google 員工發現最近公司內多了一位新夥伴，這位不知道來自哪裡的遙控賽車每天都會到公司的各個部門與大家親切地打招呼，甚至幫助員工之間傳遞一些物品。

公司員工早已習慣了一些新奇的東西出現在身邊，很多人認為這是某位員工帶來的私人玩具。但是很久以後大家才知道，這是賴利‧佩吉為了測試公司內部無線網路的效能而發明的一輛測試車。這輛車目前已經結合 Google 公司的多項創新

第九章　鼓勵創新

技術，成為 Google 多種科技產品的載體。

創新用於實踐，實踐引導創新，兩者相輔相成，缺一不可。這就好比設計師只有配合磚瓦工才能蓋出摩天大樓一般，將實踐中的點滴與創新想法結合起來，才能收穫最大的成功。同理，企業領導者只有將內部創新想法與實踐結合，才能研發出有特色的產品、在市場中形成獨特的競爭力。

很多人認為在 Google 公司中，輕鬆的工作氛圍放開了企業對員工的束縛，這才是 Google 公司如此創新的根本原因。然而很多企業模仿 Google 公司制度後都發現，輕鬆氛圍並不能形成有效的創新，甚至會造成企業內部的懶惰情緒滋生。這是為何呢？

這恰恰是因為 Google 的創新是一個完善的制度，而不是單純的某個因素。雖然 Google 公司的員工可以早上十點上班，可以在公司內吃喝玩樂，但這只是 Google 員工日常生活的一小部分，大部分時間內，Google 員工都在努力工作，因為在 Google 內部還存在一套透明化的業績系統。

所有 Google 員工的工作程式、工作量都會在 Google 內部公布，每個人都可以看到自己的同事在做什麼、業績如何。這套系統不僅是為了公司內部工作交流，也是 Google 公司唯一具有制約性質的管理方法。大家透過相互監督、觀察來相互督促，任何人都不想成為公開的庸者，那麼在這個前提下，我們

就需努力地提升自己。

這也是最大化展示公司內部公平的途徑。當今絕大多數企業中，多多少少都存在辦公室政治，員工內心中都會存在各種不滿。但是在 Google 的這種透明化制度下，Google 員工則不會產生任何抱怨。當 Google 想要完成某一個專案時，公司內部員工之間絕對不會發生衝突，也不會產生抱怨，更不會出現員工在背後議論老闆種種不是的局面。

Google 發展至今，人才流失率不到 1%，哪怕是 Google 發展歷史中受挫最嚴重的 2010 年，內部員工流失也沒有超過這個標準。很多人認為是 Google 這個獨特的企業留住了人才，但是更多人明白，是 Google 的創新增加了員工的忠誠。

這個時代中，我們一直在強調創新的重要性，但是目前市場中太多的創新是在模仿他人，太多的創新是在針對某一種現象，很少有人可以像 Google 一樣，從企業內部的根本上創新，從企業發展的每一個細節上創新。如果我們一定要學習創新，那麼，Google 就是我們不得不了解的一家最具創新意義的企業。

第九章　鼓勵創新

老闆本就「不走尋常路」

「不走尋常路」代表的是創新，是企業不拘泥於常規的發展。然而，身為老闆，只有把「不走尋常路」理解透澈了，才能將企業帶上通往成功的不尋常道路，目前市場上有大量企業恰恰只是將這種觀點理解為張揚的個性，最終導致企業無路可走。

想要創新，那就必須面對以下幾點：

（1）是否有持久創新的能力；

（2）創新是否能滿足人們的需求；

（3）如果有持久創新的能力，那麼一定會因為破壞力的強大而招恨，因為創新就是意味著對昨日體系的挑戰，有人喜歡就會有人討厭。

要想有持續創新能力，關鍵在於制度創新。而制度創新就是需要重新分配今天的既得利益群體，是對今天成功者的挑戰。

人人都喜歡談創新，但其實創新是一種責任，一種擔當，一種毅力，更是一種代價。創新者的第一能力是生存能力和抗打擊力。

創新者最需要的，是在一個幸運的時間，幸運地碰到一個好

上級,或者幸運地在上級沒有意識到的時候,就幸運地發生了。

大創新更是一種生產力,它需要好的生產關係。

遺憾的是,創新者往往不是在成功前失敗,就是在成功以後被恨死。創新者會死,但創新不會死!

創新看似容易,做起來很難。

下面我們從三個觀點上分析,企業應該如何創新,老闆應該如何「不走尋常路」。

1. 是否具有持久創新的能力

要想有持續創新能力,關鍵在於制度創新。

這句話在 Google 公司當中可以充分印證。我們可以發現 Google 公司各種「不尋常」的制度。無論是企業管理還是企業營運,在各種制度上,Google 公司都展現著兩個字,便是「創新」。

因此,老闆想要令企業獲得持久的創新能力,首先需要在制度上創新,並且思考在這種制度下,是否能激發員工的創新意識,又是否能為企業帶來良好的發展。

2. 他的創新能否滿足人們的需求

很多老闆應該深思過這句話。我們重視創新、強調創新,那麼我們的創新究竟是為了什麼?又可以滿足哪些人的需求?

第九章　鼓勵創新

很多老闆創新的動力是看到他人透過創新獲得了成功。在這種前提下，老闆開始督促員工創新。但是這時的老闆根本沒有思考我們的創新是為了迎合哪個群體、是為了滿足哪些人的需求。這就導致老闆的企業內部處處要求創新，但是絕大多數創新是無用的，是拘泥於形式的。

身為老闆，我們要明白一個道理。創新貴在品質，不在數量。如果我們可以像 Google 公司一樣，將企業內部的各種創新想法調整到同一個方向，集合在某一種產品上，那麼我們的創新是成功的，而如果我們的創新沒有一個共同的中心，缺乏一種明確的方向，那麼這些創新則很難促進企業發展。

3. 如果有持久創新的能力，那麼一定會因為破壞力的強大而招恨，因為創新就是意味著對昨天體系的挑戰，有人喜歡就會有人討厭

這句話是指企業應該為創新做好充足的準備。創新完成後，企業必定要面臨重大的挑戰。如果老闆只思考創新帶來的發展，而不思考創新帶來的危機，企業同樣不會成功，只有我們準備充足，創新完善，企業才能走上不尋常的成功道路。

「獨斷專行」只會製造一潭死水

提及創新,我們就一定會想到聽取建議。一位老闆能力再強,也不足以支撐一家企業的發展,只有依靠企業內部整體員工的力量,才能帶領企業獲得良好的發展。然而,當今市場上仍存在許多不懂得聽取建議、只懂得「獨斷專行」的老闆,這些老闆不僅無法激發企業內部的創新意識,反而經常打壓員工的創新思想,最終將企業帶到沒落的地步。

很多只懂得「獨斷專行」的老闆往往無法及時發現自己的這個缺點。首先,老闆潛意識中認為自己才是企業的最高領導者,所以員工絕對不能忤逆自己的思想。甚至有些老闆乾脆表明自己的態度:「在我的公司工作,就必須百分之百服從我的命令,哪怕有一絲違背我意願的想法,也是對公司不忠誠的行為。」

這些有礙企業發展、制止內部創新的領導者行為是老闆們應該及時改掉的陋習。身為企業領導者,我們必須改善自己與員工之間的關係,增強企業內部溝通力、凝聚力以及創新力。

身為老闆,我們可以從以下幾點提升自己的領導力。

第一,對於員工而言,企業給予再高的薪水,也不會在其心中留下深刻的印象,而當企業營造了家的氣氛,並給予員工一些額外的關懷時,員工則會深懷感激。

第九章　鼓勵創新

我們總在強調員工應該創新,但是我們有沒有想過,員工為何要主動創新?並不是因為我們付出了高額的薪水,更不是因為我們設定了不創新的懲罰,恰恰是因為員工與企業之間建立了感情,企業給予了員工更自由的空間。

如果我們剝奪了員工發表個人意見的權利,員工與老闆、與企業之間只存在利益關係,那麼,有誰會主動為了企業發展而努力呢?

第二,當企業內部員工發表意見時,老闆不僅需要給予對方空間,更需要有耐心。即使員工的觀點是錯的,我們也不能阻止他表達,而是應該糾正員工的錯,讓員工感受到我們的用心。

目前,很多老闆都缺乏這種基本的溝通耐心。當老闆聽到員工的錯誤意見時,便會直接打斷對方的表達,直截了當地拒絕對方。這種行為會造成員工心理上的不平衡。

員工的意見也許存在錯誤的觀點,但這並不代表員工的觀點沒有一點可取之處。所以老闆一定要耐得住性子,營造一種「知無不言,言無不盡」的溝通氣氛,對待員工的錯誤觀點,要有理有據地解釋,然後再否定,切不可一句「不行」直接了事。

很多老闆由於過於迫切地追求成功,所以在激勵員工創新問題上過於極端。例如,下達一些硬性的命令:「每位員工

「獨斷專行」只會製造一潭死水

三天後必須上交三條以上的創新方案，未完成任務者予以重罰。」

這些錯誤的做法導致創新成了敷衍，最終企業的創新措施變成無用功，而員工對老闆則多了一絲抱怨。因此，老闆想要員工主動創新，就需要巧妙地表達自己的願望，並且透過恰當的方式傳達。

首先，大多數員工都希望老闆可以明確指出工作期望、方向。好比我們要求員工創新時，為員工指明應該從哪一方面思考、做哪些創新，收到的創新效果會更顯著。

員工無法像老闆一樣，從全域性的角度思考問題，但是員工思考問題的方式會更實際、更細化，這是老闆無法具備的思考能力。因此，當老闆指明了自己的期望方向之後，員工可以更直接地努力。由於員工對工作細節以及工作方向了解得更透澈，所以就工作問題而言，員工可以遵循老闆的方向創新得更實用。

其次，建立一種平等的交流氛圍。老闆不「獨斷專行」，能促進企業內部創新。老闆與員工就創新問題溝通，一定要保持平等的態度。創新本身就是一種討論，如果我們不能放棄自己的身分，就不能產生良好的討論效果，而只有在這種討論效果下，創新才可能誕生，企業才能獲得發展。

Google 公司內還發生過這樣一則故事：

第九章　鼓勵創新

一位新來的員工來到列印機旁列印檔案，但是她對列印機操作不夠熟練，導致文件列印失敗了幾次。於是她詢問了一位在自己身後等待的同事，這臺列印機應該如何使用。這位同事詳細地指點了她應該如何使用這臺列印機，新員工對同事萬分感激，當兩人互相說出名字時，她才知道這位同事原來正是 Google 的現任 CEO。新員工雖然非常驚訝，但還是向他提出了一個建議，她希望公司的各種複雜設備前面都可以樹立一個簡單的使用說明，如此一來，便可以提高所有員工的工作效率。果然不久後，這個建議被採納實施了，CEO 更發郵件表揚了新員工，是她的創新提高了 Google 的工作效率。

身為老闆，我們必須具備這樣的品格，也只有我們對員工展現老闆的風度，員工才會主動向我們提出意見，進行創新。一個只會「獨斷專行」的老闆根本無法把企業帶大，因為如同一潭死水的企業是無法創新、跟隨時代的。

老闆的創新意識測試

1. 你是否覺得印在紙上的員工意見與建議，其價值只在於文字表面？（　）
   A. 非常同意

老闆的創新意識測試

　　B. 不同意

2. 你是否討厭拘泥於制度、條理限制，沒有自主思想的人？
（　）

    A. 非常同意

    B. 不同意

3. 你是否覺得員工的意見很難對自己產生幫助？（　）

    A. 非常同意

    B. 不同意

4. 你覺得自己制定的制度和工作方法一定是最好的嗎？
（　）

    A. 非常同意

    B. 不同意

5. 你能否完全相信自己的員工？（　）

    A. 可以

    B. 不可以

6. 當你為公司的生產進度感到著急時，你第一時間會（　）。

    A. 督促員工加班加點

    B. 想辦法改善工作方法

第九章　鼓勵創新

7. 面對員工提出的改善方案,你會站在自己的角度思考,還是站在對方的角度思考?(　)

　A. 自己

　B. 對方

　C. 兩者都思考

8. 你是否能聽完員工的錯誤意見?(　)

　A. 可以

　B. 不可以

9. 你是否認為公司發展良好則代表毫無危機?(　)

　A. 非常同意

　B. 不同意

10. 當員工不認同我們的制度時,你會(　)。

　A. 懲罰

　B. 不理會

　C. 按照員工的想法改變我們的制度,讓員工發現自己的錯

計分方法和分數解釋:

正確答案順序:B、A、B、B、A、B、C、A、B、C

正確答案在8題以下的老闆需要及時提升自己的創新能力。

第十章
創造文化

　　沒有輝煌的出身,沒有驕傲的天分,但因為一個夢想,他可以傾盡全力,以勤奮和執著,成為一個私人企業的大老闆,擁有了自己夢想中的商業帝國。繆老闆以自己的親身經歷告訴每個追求夢想的年輕人一個道理:製造你的夢想,相信你的夢想,實現你的夢想。

第十章　創造文化

製造夢想的老闆

繆老闆高中畢業後考上了一所師範大學的中文系，這個科系幾乎定下了他未來的出路──成為一名老師。

繆老闆當時也是抱有這樣的想法，他給自己定的目標是一定要成為一名好老師。但是，一次兼職經歷卻改變了他一生的命運。

大學的一個暑假，他外出兼職，涉足的正是房地產仲介行業。整個暑假，他的工作就是到處找房源資訊，在街上貼小廣告。在一次談話中，繆老闆曾回憶說：「那時候自己就有一股說不上來的熱血，即使發著高燒也要跑出去蒐集房源資訊，未來的『工作狂』應該就是在那時候埋下了種子。」

繆老闆對這個工作產生了濃厚的興趣。當時他二十幾歲，那時候的房產仲介並不被看好，是受到不屑，甚至鄙視的行業。但是，繆老闆卻從中看到了自己隱隱發光的夢想，他覺得自己做這樣的行業，是條「不尋常路」，是可以成就自己與眾不同的夢想之路，因為他隱約嗅到了這個產業在市場中潛藏的商機和潛能。

他將自己的目標改了，他做了在當時看來很愚蠢的一個決定：放棄成為老師的機會，去做一名房地產仲介，建造屬於自己的房地產仲介王國。

製造夢想的老闆

畢業後,他棄筆從商,投入那個被人看不起的行業中。

繆老闆和自己的合夥人一起開了一間公司,一開始的業績竟然也不錯。

前期公司只有他一個人的時候,他就穿上一身熨得筆挺的正式西裝,騎上一輛破舊的二手腳踏車,一個社區一個社區地跑業務,蒐集房源資訊。那時候他打交道打得最多的就是老爺爺、老奶奶,他趁著他們在樹下下棋或者乘涼的時候,向他們打聽房源資訊。繆老闆曾說起那段日子:「我那時連當地話都不會講,但是足夠勤奮,並且誠懇。」就因為這兩點,讓繆老闆在最艱苦的那段日子裡,蒐集了很多房源,公司附近的很多社區都發展成他的地盤。

繆老闆手下有「六虎將」,他們可以說是公司裡不可或缺的支柱,少了他們,一定沒有今日的成就。「六虎將」中最先跟著繆老闆的是吳存勝,如今,吳存勝是分公司的行銷總監。

吳存勝來繆老闆的公司面試,繆老闆問他:你最喜歡讀誰的書?吳存勝答:卡內基的。繆老闆心裡一喜,以為遇到知己了,卻沒想到,吳存勝是打聽好他的興趣愛好才來應徵的,他想,吳存勝也是一個有心人。

後來,當初和別人一起創辦的公司分成兩個部分,因為公司合夥人之間經營理念的分歧,繆老闆決定自立門戶。他從公司離開的時候,只帶走了一個員工──吳存勝。

第十章　創造文化

　　兩個人走在大街上，沒有失落，有的是年少輕狂日子裡該有的憧憬與夢想，他們決定一起做一番大事業。繆老闆帶著吳存勝在靠近交易所的地方開了第一家房產仲介店。店面很簡單，兩個人，一部電話，兩張桌子，兩把椅子。白天，他們就帶著各自拉來的客戶去各個社區看房，晚上回來後盥洗睡覺，半夜十二點就爬起來寫廣告，凌晨三點到五點就拿著廣告到處貼。

　　那時候，生活很艱苦，創業的壓力很大。他們一方面要面對大眾對房產仲介行業的不屑，也要面對自己的生計問題，但繆老闆經過深入的接觸了解到，房產仲介這個產業在各地都非常有前景，這讓他堅定了繼續走下去的信心。既然從學生時期就看好這個行業，現在沒有理由否定自己，所以，他選擇即使困難也要堅持這個夢想，繼續走下去，一定會有一個美好的未來。

　　正是這份堅持，讓他們開始走訪大量同行機構，從中廣泛汲取經驗。

　　一年後，他們正式為自己的店面掛上了名字，這塊招牌不只是他們店名，也是他們的希望。當天，掛好店名之後，繆老闆對店裡的全體員工──只有兩名員工，拍著店裡的大圓桌，熱血豪邁地說：「我們不僅要做仲介，還要成為一家成功的企業！」

當時，房地產行業仍舊處於低迷狀態，不為人所熱衷，所以，他們想賺點錢並不容易。但是繆老闆和他的員工卻熱血沸騰，幹勁十足，他們不滿足於已有的市場和規模，想擴大經營，讓企業的名聲散落在全國各地。繆老闆那時常對自己的員工說：「我們要做一份長久的事業。」時間長了，身邊的人都認為這絕對是一個可以實現的夢想，因為他們已經被他感染，無條件相信他。

經過幾年精心耕耘，公司決定對外擴張。

按照常理，一家小企業想要擴張，一定會找一個穩定的城市，但繆老闆卻反其道而行，選擇競爭最激烈的首都，迎接這個巨大的挑戰。

到達首都的第二天，繆老闆拜訪了很多同行，在他看來，潛在的市場機會很多、潛力很大，與那些實力雄厚的同行競爭，可以使公司更快地成長。

幾家公司在各地開了許多分店，所有店的經營理念都是一樣的：每開一家都要賺錢。

如今，全國各地都有了他們的招牌，他們終於將當初的小企業做成了今天的大企業。

儘管如此，但繆老闆依舊致力於研究房地產企業文化，參與很多企業考察，將更多優秀的想法融進其中。

十幾年過去了，繆老闆當初被人恥笑的夢想已經逐步實

現,這大概是他面對那段艱苦歲月時最欣慰、最值得驕傲的事情。

「人的一生應該這樣度過,當你回首往事時,不因虛度年華而悔恨,不因碌碌無為而羞恥。」人生的確應該為了夢想戰鬥一次,奮鬥一次,這才是青春。

老闆要學會創造企業文化

對於 21 世紀的企業來說,企業文化已經不是一個陌生的詞彙,其所代表的意義也不再是一個謎。

企業文化之於企業的重要性,不亞於一把劍之於武士的重要性。所以,一個企業的領導者必須營造一種令員工普遍認可、共同遵守的價值觀念和行為規範,這就是企業的文化。

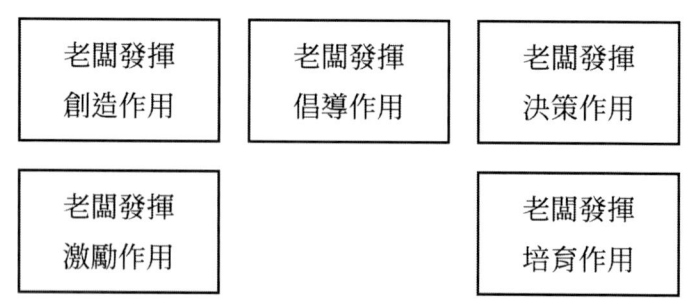

老闆發揮創造作用	老闆發揮倡導作用	老闆發揮決策作用
老闆發揮激勵作用		老闆發揮培育作用

圖 10-1　打造企業文化時老闆應該發揮的作用

老闆要學會創造企業文化

企業文化是企業的一種無形資產，它是企業的一面旗幟，雖然不是推動企業發展的最直接動力，卻是最持久、最大的力量。假如一個企業沒有自己的企業文化，那麼這個企業就像一個人沒有「神采」，只有一個表面運作的空殼，員工們沒有共同的價值觀念，企業早晚會走向滅亡。

美國作家約翰‧科特（John Kotter）在《變革的力量》中曾說：「領導者與文化，正如管理與結構一樣密切相關，建立一種有用的企業文化需要強而有力的領導者。因此，一個企業想要強大起來，就要有適合自己企業的、能促進本企業發展的企業文化，必須要有一個在企業文化的塑造中，能夠有所作為的企業領導者，在企業文化塑造的過程中做好掌舵者，帶領企業在企業文化方面占據高地。」

繆老闆做企業，最注重的就是文化的建立，從公司一開始創辦，他就秉持並餞行著「公平、自由、平等」的企業文化，讓自己營造的企業文化為後來企業的發展產生很大的作用。

一個企業領導者成功塑造的企業文化不是領導風格。因為領導風格是不斷變化的，而企業文化是深入在企業的根基中，歷久彌新的。因此，企業領導者在創造企業文化時，應從企業長遠發展的眼光考慮，扮演好自己在創造企業文化過程中的角色。

第十章　創造文化

1. 發揮創造作用

創造，是指企業領導者要有不斷創新的精神，保持自己的創新意識，以一種虛心好學的態度贏得企業文化的豐富與完善；多在企業文化創造中挑戰傳統，摒棄墨守成規和不合時宜的做法，鼓勵多創新，為企業注入新鮮血液。

2. 發揮倡導作用

企業領導者對企業文化的倡導是推動企業文化發展的基礎，沒有企業領導者倡導和主導企業文化，企業文化一定無法發展好，只有企業領導者發揮好倡導作用，員工才能熟知企業文化，忠於企業文化，大力發展企業文化。

3. 發揮決策作用

創造企業文化是一項長期的、大型的任務，期間必須要有縝密的決策與規劃，否則一定會根基不穩或者定位錯誤，屆時不容易再糾正。因此，企業領導者一定要做好決策，制定周密計畫，穩步實現企業文化的建立。

4. 發揮激勵作用

不管從事什麼工作，每個人都需要被鼓勵，所以企業領導者必須不斷激勵員工，才能讓他們發揮出最佳的積極性和創造性。

5. 發揮培育作用

企業領導者擔任著發現人才、選拔人才、培養人才的重任，由此企業領導者必須做到克服「只管用人，不管育人」的想法和做法，大力培養建立企業文化所需要的人才；捨得在員工培訓方面投資，為企業主管提供成長空間。

建立企業文化是一個龐大的工程，必須經過嚴密的計畫，扎扎實實地實踐，循序漸進，促使其不斷發展，而其中，企業領導者有著無比關鍵的作用，因為我們能最大限度地調動員工的積極性，使員工形成強大的凝聚力。

作為中小企業的老闆，我們更應該向大企業學習，設計出一個適合自己企業的、經得起市場考驗的企業文化，並從自身做起，忠於企業文化。

順應人性的企業文化最有價值

前面我們提到，作為中小企業的老闆，更應該設計出一個適合自己企業的、經得起市場考驗的企業文化，並從自身做起，忠於企業文化。

在選擇企業文化之前，一定要知道企業文化最終服務的是誰，其實就是企業的員工。一個企業，不管是大型企業，還是

第十章　創造文化

中小型企業，設計企業文化的目的，都是為了更好地為企業服務，而人是企業生存的根本，所以企業文化最終的落腳點還是人。順應人性的企業文化，其實就是「以人為本」。

「以人為本」，也就是在管理活動中將人視為核心，人不僅是管理的對象，也是企業服務的對象和最重要的資源。人本管理其實沒有想像中的那麼難，只要企業管理者能夠將人視為主體，透過激勵、鼓舞等方式，調動員工的積極性和主動性，引導員工根據目標去實踐，就已經達到了很好的效果。

著名管理大師曾說過：「最難以達到的是簡單的真理——但使用起來卻最為有力。當世界變得更複雜，技術使得公司更有競爭力的時候，人們的活力對這些群體的成功而言，將變得更加重要。」

以人為本的企業文化，對於中小企業的發展來說非常重要，所以身為老闆，一定要讓企業文化涉及以下兩點：

1. 使員工的主角地位得以實現

主角的地位是每一位員工都渴求的，因為他們能感受到被尊重，保證他們每個人的主角地位，才能樹立他們主角的心態和責任感，才可以激勵員工為企業多做貢獻。

2. 企業一定要有很好的人文關懷制度

完善的規章制度，既可以約束員工的不良言行，也能表達

出企業對員工的人文關懷，因為規章制度的制定是在人的基礎上，聽取員工的心聲與需求所制定的。在這樣信任與尊重的基礎上，制定出符合人本管理的制度，才能展現人文關懷，提升凝聚力，使員工對企業高度負責。

有一天，某電子有限公司每月選出的最優秀員工第一次踏進了五星級酒店，和總經理、副總經理及部門經理一起用餐。

開始的時候，總經理提出這個提議，很多人反對，認為這樣奢華的五星級酒店，底層員工不太適合進去。

但總經理解釋說：「這些員工大多都二十歲以下，他們還沒有機會享受一流的服務。他們遲早都要為人父母，有過這樣的一次經歷，就會鼓勵自己的孩子努力學習，有更高、更好的追求。而教育員工、教育員工的下一代，是企業的責任。」

如今，這種做法已經持續了將近十年，所有的基層員工都從這樣的文化中感受到被尊重，他們認為這是對自己工作的一種肯定，是一種榮譽。

該公司的副總經理說過：「我們的企業文化的核心只有三個字：People！People！People！」因此，以人為本的企業文化能夠落實，必須保證公司的制度能夠踐行，能夠在每一個方面都以人為核心。

第十章 創造文化

關懷要恰到好處，不可變成放縱

每一位老闆都想用人才，但是卻很少有人能夠真正「駕馭人才」，這裡面充滿著智慧。

當所有老闆都意識到市場競爭就是人才的競爭時，人力資源部門就成為最重要的一個部門，它是企業招攬人才、培訓人才的基地和核心。但是，控制這個機構的線主要還是掌握在老闆的手裡，企業能不能把人用好，關鍵在於老闆是怎麼掌控這個機構，怎麼對待下屬的。

所以，我們對待下屬的態度與方法決定著我們是否會用人，是否能吸引人才。

舉幾個例子：戰國四公子之一的孟嘗君平時養了很多食客，他待他們如貴賓，讓他們在府內白吃白喝，正是這些食客在他危急的時候營救了他，也正是這些食客成就了他的名譽，所以，孟嘗君是一個會用人的人，他對食客的關懷恰到好處，食客對他推心置腹，兩者達成雙贏。

從曹操對待關羽的態度就可以看出來，他是非常愛惜人才的人，但是他有一個缺點，就是以貌取人。最典型的例子是張松。當初張松興致勃勃地投奔曹操，想向曹操捐獻西蜀的地圖，但是曹操以貌取人，對張松很不友好，對張松不理不睬，很怠慢，更不要說關懷備至了。這些嚴重刺激了張松，令他喪

關懷要恰到好處，不可變成放縱

失尊嚴，於是他用語言攻擊曹操，被曹操毒打了一頓。張松含憤離開，投奔了劉備，劉備對他盛情招待，所以，張松將西蜀的地圖給了劉備，劉備終於得到了西蜀之地。

一個是對下屬關懷備至，卻不放縱下屬的領導者，一個是對下屬不屑一顧的領導者，下屬會選擇哪一個呢？一定是關懷備至的那一個。所以，我們身為企業領導者，一定要會用人，會用人首先要做的，就是關懷下屬，但不放縱下屬。

所謂物極必反，如果對下屬關懷過度，下屬肆意妄為，最後不將領導者放在眼裡，那麼還不如不關懷。

每個人都會有自己的私人空間和貪念，如果領導者對員工的私人空間過多干涉，很可能導致員工對領導者產生怨恨，因為自己失去私人空間，工作和生活混在了一起；如果領導者對下屬無止境地寬容，那麼下屬就會無視公司的制度和文化，最後甚至無視領導者的指令，變得為所欲為、無法無天。所以，企業管理者的過分關懷有時只會帶來適得其反的作用。

不管在工作之外，領導者與下屬是什麼關係，在工作中，領導者必須保證對下屬的必要關懷和一定的約束，掌握好其中的分寸。

企業中，往往有很多領導者為了向下屬展現自己隨和、關心的一面，而對下屬過分關心。如果關心的對象是同性，下屬極有可能對領導產者生還不錯的印象，但長期下去，會讓下屬

第十章　創造文化

無法無天；如果關心的對象是異性，那麼領導者的這種行為很容易被下屬誤會，或被別人閒言碎語，或最後與下屬形成分不清道不明的曖昧關係。

身為一名領導者，尤其是中小企業的領導者，與下屬之間這樣的關係不僅會導致與下屬之間上下不分，甚至會為彼此的工作帶來隱患。

曾有一家小公司的老闆遇見了這樣的狀況：

公司最近來了一位新員工，個人能力很出色，因此，他很器重這位員工。但是，他沒想到對這名員工的器重卻引發諸多致命的麻煩。

自從這位員工來到公司，他就對他關懷備至，想讓他沒有後顧之憂，可以安心工作，多為公司貢獻。沒想到，這種關懷讓下屬有些狂妄，首先，他向其他同事借了五萬多元，一直都沒有還；然後，他私自挪用公款十五萬元。這位老闆想按制度辦事，但是他想，如果將他送到警察局，他這一輩子就幾乎完了。為了幫助他，這位老闆既沒有處罰他，還原諒了他，對他苦口婆心地勸告。

不過，這位老闆卻沒有想到，他太過關心這位下屬，終於，這位下屬最後犯下大罪，挪用公司公款五十萬元，老闆這次沒有心慈手軟，選擇了將他送進監獄。

實際生活中，很多領導者都會遇到這樣的問題：該如何正

關懷要恰到好處，不可變成放縱

確對待下屬？我們可以想想，我們身為領導者，對待下屬應該是恩威並濟的，而不是一味地關心下屬，像一個保母。對員工噓寒問暖可以，但要適度。

那麼，我們該如何正確用人，對待下屬呢？

1. 與下屬保持適當距離

領導者必須在員工面前樹立一種權威，但是在適當的時候，又要讓下屬知道領導者是關心他們的。

領導者樹立權威，就是要對事不對人，杜絕不遵守制度的現象。這樣能讓下屬體會到領導的魅力與威嚴，產生敬佩之心。然後對公司內的「不良分子」恩威並濟，最主要的目的是整頓紀律，殺雞儆猴，樹立絕對的威信。

要想與員工偶爾能打成一片，首先要記住每一個員工的名字，並能做到不以貌取人，這樣讓員工有了被尊重的感覺，能拉近領導者與員工的距離。至此，領導者就在下屬心中樹立了兩種形象：一種是和藹、親切；一種是無情、威嚴。兩者結合，就會讓員工在心裡存有「喜」與「懼」，這樣一來，上級和下屬之間就能保持合理的距離。

2. 對下屬表示適當的關心

對下屬不要過度關懷，並不代表對下屬完全不管不問，適當的關心是很有必要的。

第十章　創造文化

　　領導者對生活困難的下屬要做到心中有數，不時地給予他們安慰，資助、鼓勵他們；挑選時機關心下屬，比如下屬出差的時候，多給一些出差補助。對員工的關心主要就是展現在這些細節上。

　　領導者對下屬的關懷不能沒有，也不能過猶不及，一定要掌握好，恰到好處，不放縱，不過度。

老闆的企業文化測試

1. 企業文化具有凝聚功能是由於（　　）。
   A. 利益驅動
   B. 感情融合
   C. 個人與企業理想目標一致

2. 與企業外在的硬性管理方法相比，企業文化具有一種內在號召力，從而使每個員工有歸屬感，這屬於企業文化的（　　）功能。
   A. 凝聚
   B. 導向
   C. 激勵

3. 塑造企業價值觀必須堅持企業利益和企業（　）相統一的原則。
   A. 生產經營
   B. 社會責任
   C. 管理工作

4. 員工對企業文化的認同是對（　）的認同。
   A. 企業家個人的價值觀
   B. 超越個人的共同價值觀
   C. 企業盈利能力

5. 在企業價值觀的層次系統中，整個系統的最終基礎是（　）。
   A. 企業基本價值觀
   B. 企業文化
   C. 企業理念

6. 從文化上來說，作為管理行為的企業制度屬於（　）。
   A. 企業物質文化
   B. 企業精神文化
   C. 企業行為文化

第十章　創造文化

7. 與資金、設備比起來,企業文化屬於企業中的(　)。

   A. 軟體

   B. 硬體

   C. 附屬

8. 企業文化管理更側重於企業的(　)。

   A. 社會環境

   B. 外部活動

   C. 內部活動

9. 培養企業文化的競爭力,首先需要培養企業文化的(　)。

   A. 影響力

   B. 凝聚力

   C. 倫理精神

10. (　)是公司的價值追求,是支撐公司員工實現使命的信念。

    A. 企業精神

    B. 企業使命

    C. 核心價值觀

    正確答案順序:C、A、B、B、A、C、A、C、B、C

老闆的企業文化測試

國家圖書館出版品預行編目資料

雙面老闆經，從管理自己到掌控企業的修練技巧：掌管自己，掌管他人，掌管未來！成功之路不再模糊，企業家不可不知的十個關鍵點 / 何東征 著 . -- 第一版 . -- 臺北市：財經錢線文化事業有限公司 , 2024.09
面； 公分
POD 版
ISBN 978-626-408-007-1(平裝)
1.CST: 企業領導 2.CST: 企業管理 3.CST: 職場成功法
494.21　　113012907

電子書購買

爽讀 APP

雙面老闆經，從管理自己到掌控企業的修練技巧：掌管自己，掌管他人，掌管未來！成功之路不再模糊，企業家不可不知的十個關鍵點

臉書

作　　者：何東征
發 行 人：黃振庭
出 版 者：財經錢線文化事業有限公司
發 行 者：財經錢線文化事業有限公司
E - m a i l：sonbookservice@gmail.com
粉 絲 頁：https://www.facebook.com/sonbookss/
網　　址：https://sonbook.net/
地　　址：台北市中正區重慶南路一段 61 號 8 樓
8F., No.61, Sec. 1, Chongqing S. Rd., Zhongzheng Dist., Taipei City 100, Taiwan
電　　話：(02) 2370-3310　　傳　　真：(02) 2388-1990
印　　刷：京峯數位服務有限公司
律師顧問：廣華律師事務所 張珮琦律師

-版權聲明

本書版權為文海容舟文化藝術有限公司所有授權崧博出版事業有限公司獨家發行電子書及繁體書繁體字版。若有其他相關權利及授權需求請與本公司聯繫。

未經書面許可，不得複製、發行。

定　　價：350 元
發行日期：2024 年 09 月第一版
◎本書以 POD 印製
Design Assets from Freepik.com